Nikolay Zuev

Urządzenia przetwórcze dla przemysłu mięsnego

Nikolay Zuev

Urządzenia przetwórcze dla przemysłu mięsnego

Młynek do mięsa

Wydawnictwo Bezkresy Wiedzy

Cover image: www.ingimage.com

Publisher:
Wydawnictwo Bezkresy Wiedzy
is a trademark of
International Book Market Service Ltd., member of OmniScriptum Publishing Group
17 Meldrum Street, Beau Bassin 71504, Mauritius

Printed at: see last page
ISBN: 978-620-0-54298-4

Urządzenia przetwórcze dla przemysłu mięsnego

URZĄDZENIA DO PRZETWARZANIA MIĘSA

MASORUBKI

URZĄDZENIA DO PRZETWARZANIA MIĘSA

MASORUBKI

Podręcznik szkoleniowo-metodologiczny jest przeznaczony dla studentów wyższych i średnich szkół specjalnych kształcących się w dziedzinach związanych z przygotowaniem do studiów wyższych: "Maszyny i urządzenia technologiczne", "Automatyzacja procesów technologicznych i produkcji", "Produkty spożywcze pochodzenia zwierzęcego", "Produkty spożywcze z surowców roślinnych". KROK: "Automatyzacja procesów technologicznych i produkcji", "Technologia mięsa i produktów mięsnych", "Obsługa techniczna urządzeń w handlu i gastronomii publicznej".

Dokonano przeglądu i rozważono projekty kawałków mięsa produkcji krajowej i zagranicznej. Podane są podstawy projektowania i obliczania kawałków mięsa. Podręcznik jest przeznaczony do wykorzystania w instytucjach edukacyjnych przez studentów wyższych i specjalistycznych szkół średnich kształcących się w następujących obszarach szkolenia WEI: "Maszyny i urządzenia technologiczne", "Automatyzacja procesów technologicznych i produkcji", "Produkty spożywcze pochodzenia zwierzęcego", "Produkty spożywcze z surowców roślinnych": "Automatyzacja procesów technologicznych i produkcji", "Technologia mięsa i produktów mięsnych", "Obsługa techniczna urządzeń w handlu i gastronomii publicznej".

Książka może być przydatna dla absolwentów, badaczy, specjalistów z branży spożywczej w rolnictwie.

Spis treści

WPROWADZENIE

Jedną z głównych gałęzi przemysłu w Rosji jest przemysł spożywczy, który decyduje nie tylko o zdrowiu ludności, ale także o niezależności żywnościowej państwa. Produkty mięsne odgrywają wiodącą rolę w ogólnym spożyciu żywności, a rozdrabniarki mięsa są jednym z głównych urządzeń w procesie przetwarzania mięsa.

Obecnie w Rosji skuteczna działalność przedsiębiorstw przemysłu spożywczego jest nierozerwalnie związana z przebudową produkcji. Rozwój krajowego przemysłu spożywczego jest jednym z ważnych zadań, którego rozwiązanie zapewnia bezpieczeństwo żywnościowe Rosji i jej godne miejsce w światowych procesach gospodarczych. W ostatnich latach coraz bardziej przestarzała flota urządzeń przedsiębiorstw spożywczych jest w większości przypadków zastępowana drogimi urządzeniami z importu, co nie zawsze jest uzasadnione ekonomicznie i strategicznie, zwłaszcza przy zakupie urządzeń spożywczych o niskim i średnim stopniu złożoności. Ze względu na te okoliczności rozwój domowych maszyn do produkcji żywności oparty na nowoczesnych osiągnięciach technologicznych, w tym także urządzeń do mielenia mięsa, jest bardzo istotny. Wraz ze wzrostem liczby małych przedsiębiorstw, rozwój małych i średnich przedsiębiorstw doprowadził do powszechnego wykorzystania młynków do mielenia mięsa o małej mocy 2 - 3 kW. W Rosji rozwój i produkcja doskonałych kutrów mięsnych nie została odpowiednio rozwinięta. Salony, sklepy i wystawy są wypełnione zagranicznymi szlifierkami do mięsa, a krajowe zakłady maszynowe nie są wystarczająco obciążone. Ta sytuacja nie może być uznana za zadowalającą.

Rosja ma wszystkie warunki konieczne do pomyślnego rozwoju i pełnej produkcji tego sprzętu. Obecnie brak jest wystarczających wytycznych technicznych i literatury na temat obliczania i projektowania tego rodzaju technologii, a istniejące rzadkie osiągnięcia naukowe mają niewielki wpływ na jej postęp. Dla dalszego doskonalenia urządzeń rozdrabniających surowce mięsne konieczne jest pogłębienie i rozwinięcie teorii obliczeń, poszukiwanie nowych decyzji konstrukcyjnych, udoskonalenie metod obliczeń numerycznych, poszerzenie spektrum stosowanych materiałów, nowoczesnych technologii wytwarzania. Konieczne jest również ulepszenie istniejących GOST, TU i innych dokumentów regulacyjnych. Produkcja nowych, postępowych urządzeń powinna opierać się na wynikach nowoczesnych osiągnięć technicznych, w tym nanotechnologii.

Teorie mielenia surowców mięsnych są poświęcone pracy takich naukowców jak S.T.Antipov, A.V.Gorbatov, V.P.Goryachkin, M.Sh.Gutuev, A.N.Daursky, N.N.S.Gutuev.A.Zuev, A.M.Iskandaryan, V.I.Ivashov, N.M.Klimenko, L.M.Korniushko, V.D.Kosoy, M.Lontsin, Yu.A.Machichin, R.Merson, A.N.Ostrikov, V.A.Panfilov. A.I.Peleev, V.V.Pelenko, A.N.Poznyshev, N.E.Reznik, I.A.Rogov, M.P.Semenov, I.A.Time, V.M.Chromeenkov, T.V.Chizhikova, B.Eshkuvatov i inni. Prace te mają zasadnicze znaczenie dla stworzenia urządzeń do mielenia mięsa.

Przestudiowanie i wykorzystanie materiałów zawartych w niniejszym podręczniku pozwoli nie tylko na poznanie i przyswojenie zasady działania urządzenia i regularności pracy istniejących kawałków mięsa, ale także na dalsze doskonalenie i naukowe opracowanie nowych próbek urządzeń do mielenia. Proces ewolucji techniki jest historycznie niewyczerpywalny, dlatego naturalnie pojawiają się nowe materiały konstrukcyjne, nanopowłoki, nanotechnologie, nowe decyzje techniczne, które dają impuls do dalszego rozwoju teorii i praktyki rozpatrywanych urządzeń.

ROZDZIAŁ 1 OGÓLNE INFORMACJE O ROZDRABNIARKACH MIĘSA

1.1 DANE HISTORYCZNE

Młynek do mięsa został wynaleziony na początku XIX wieku przez niemieckiego Karla Friedricha Christiana Ludwiga barona Dres von Sauerbronn (1785-1851). Następnie austriacki wynalazca Peter Mitterhofer (1822-1893).

Przed wynalezieniem maszyny do mielenia mięsa, a później, do czasu jej powszechnego użycia, do przygotowania mięsa mielonego używano specjalnego dwuręcznego, zakrzywionego, półokrągłego noża (rysunek 1.1). Musieli kołyszeć się z boku na bok, wielokrotnie mielić mięso.

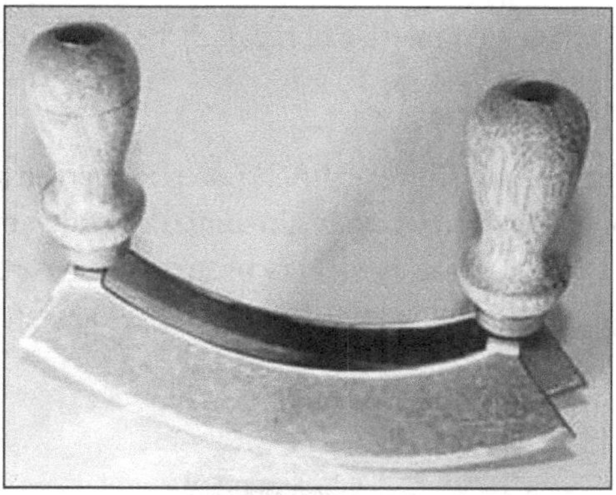

Rys. 1.1 Historyczny nóż dwuręczny

Do produkcji kiełbas, gdzie potrzebne były duże ilości mięsa mielonego, po raz pierwszy użyto maszyny, w której serie noży były mechanicznie podnoszone i opuszczane nad okrągłą drewnianą studnią obrotową (rys.1.2). Mięso układano w stosy na pokładzie, automatycznie obracano je pod małym kątem za każdym razem, gdy podnoszono blok noży i siekano w nowym miejscu, gdy noże były opuszczane. Oś obrotu pokładu nie pokrywała się z linią cięcia, linia cięcia przechodziła przez cięciwę, co zapewniało zarówno wzdłużne jak i poprzeczne rozdrabnianie włókien mięsnych. Maszyna ta kruszyła około 40 kilogramów mielonego mięsa na godzinę i była napędzana najpierw przez konia, a później, wraz z rozwojem środków technicznych, przez silnik elektryczny o mocy 0,75 KM.

Rys.1.2 Młynek do mięsa z obracającą się drewnianą studnią

Inny wariant dawnej przemysłowej szlifierki do mięsa przedstawiono na rys. 1.3. Mięso, wstępnie pokrojone na kawałki, umieszczono w mimośrodowo obrotowej kadzi, w której obracały się trzy noże. Wydajność tej rozdrabniarki wynosiła 150 kg/godz. dla wołowiny i 180 kg/godz. dla wieprzowiny.

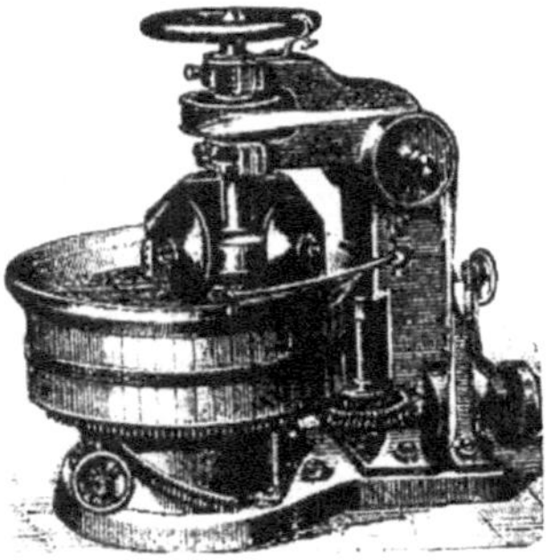

Rys. 1.3. Maszyna do mielenia mięsa z mimośrodową, obrotową kadzią.

Bliżej nowoczesnej szlifierki do mięsa, przynajmniej na zewnątrz, znajduje się szlifierka pokazana na rysunku 1.4. W cylindrycznym korpusie rozdrabniacza wałek został obrócony od uchwytu z przymocowanymi do niego stalowymi kołkami. Szpilki, umieszczone wzdłuż spiralnej linii, przepychały pokrojone kawałki mięsa przez serię krótkich noży wystających z góry i poniżej połówek ciała. Spadając między tymi nożami, mięso zostało zmiażdżone i wyszło z drugiego końca cylindra. Wał z trzpieniami umieszczonymi wzdłuż linii spiralnej był jak nowoczesna śruba do mielenia mięsa.

Rys. 1.4 Młynek do mięsa z trzpieniem zamocowanym w linii śrubowej

Niektóre kiełbasy i pojedyncze dania wymagają kostek mięsnych. W tym celu istniała specjalna maszyna, w której mięso przeciskane było przez kratownicę noży poprzecznych (rys.1.5). W wyniku tego pocięto go na kwadratowe uprzęże, a przy wyjściu szły z boku na bok dwa płaskie noże, tnąc uprzęże na kostki.

Rys.1.5. Maszyna do krojenia mięsa.

Historycznie, nazwa "młynek do mięsa" została stworzona dla siekaczy o niskiej wydajności i domowych. Termin "błystka" odnosi się do przemysłowych, wysokowydajnych szlifierek do mięsa.

Pierwsze młynki do mielenia mięsa były napędzane ręcznie. Potem przyszła elektrycznie napędzana szlifierka do mięsa. Pojawienie się silnika elektrycznego wiele zmieniło w żmudnym procesie mielenia mięsa. Po pierwsze, właśnie zastąpił męską siłę mięśniową. Pierwsze elektryczne szlifierki do mięsa pojawiły się na początku XX wieku. Były one dość uciążliwe, więc nie były używane w warunkach domowych. Mniejsze modele zostały wyprodukowane później. W ciągu ostatnich stuleci konstrukcja młyna do mięsa była stale ulepszana. Potrzeba zintensyfikowania produkcji wyrobów mięsnych wymagała stworzenia wysokowydajnych kawałków mięsa, które ułatwią pracę ręczną. Tworzenie nowych rodzajów produktów mięsnych, różnorodnych wyrobów wędliniarskich, doprowadziło do powstania wielu ulepszeń konstrukcyjnych młynka do mięsa i jego elementów roboczych - korpusu, śruby, noży, nakrętki mocującej i kratek.

Wcześniej szlifierki do mięsa były wykonane z najbardziej dostępnych wówczas metali - żeliwa, prostych stali. Później, wraz z rozwojem postępu technicznego, części szlifierki do mięsa były wykonane ze stali stopowych, materiałów aluminiowych i kompozycji polimerowych.

Przez cały okres uwalniania wilków i młynków do mięsa stale doskonalono mechanizmy mielenia, napędu, istnieją specjalne noże i tarki do mielenia. W napędzie zastosowano wielobiegowe silniki elektryczne jednofazowe i trójfazowe, różne przekładnie pasowe, zębate i falowe oraz nowoczesne silniki elektryczne z przemiennikami częstotliwości, które umożliwiają płynną regulację prędkości obrotowej śruby.

Pod koniec XX wieku pojawiły się zagregowane młynki do mielenia mięsa, łączące procesy mielenia, mieszania i porcjowania surowego mięsa. Z najprostszego urządzenia mechanicznego, młynek do mięsa stał się wysokowydajnym urządzeniem z szeregiem urządzeń automatycznych, komputerowym systemem sterowania, chłodzeniem termicznie obciążonych obszarów roboczych, automatycznym myciem, klawiaturą dotykową. W ostatnim czasie przy projektowaniu kawałków mięsa więcej uwagi poświęca się ergonomii i wzornictwu przemysłowemu.

1.2. PRZEZNACZENIE, PODSTAWOWE PARAMETRY I STRUKTURA MŁYNKÓW DO MIELENIA MIĘSA

Rozdrabniacze mięsa przeznaczone są do mielenia i przekształcania w stan rozdrobniony schłodzonego, zamrożonego, gotowanego mięsa, tłuszczu, materiałów zawierających tłuszcz, gotowanych skór wieprzowych, ryb, produktów ubocznych, warzyw, owoców i innych materiałów spożywczych. Młynki do mięsa mogą być używane do mielenia produktów suszonych. Za pomocą specjalnych dysz obrotowych można nadziewać kiełbasy i uzyskać wyprofilowane ciasto.

Główne cechy techniczne kutrów mięsnych to:

- wydajność, kg/h
- moc zainstalowana, kW
- średnica rusztu rozdrabniającego, mm
- waga, kg
- wymiary (długość, szerokość, wysokość), mm
- napięcie zasilania, V
- okres użytkowania, lata
- współczynnik wykorzystania.

Wilki powinny być produkowane zgodnie z GOST 28532-90. "Wilki. Ogólne wymagania techniczne". Podczas mielenia mięsa temperatura przetworzonego produktu nie powinna przekraczać temperatury produktu oryginalnego o więcej niż 5 ^{oC}.

Młynek do mielenia mięsa powinien pracować w zamkniętych pomieszczeniach produkcyjnych w temperaturze otoczenia od 5 do 35 ^{oŃ} i wilgotności względnej nie przekraczającej 80% w temperaturze 25 ^{oŃ}. Jednakże, biorąc pod uwagę konieczność przetwarzania produktów mięsnych w niższych temperaturach, zaleca się stosowanie temperatury na dolnym poziomie granicy.

W zakładach przetwórstwa mięsnego mięso bydła i małych zwierząt występuje w postaci półtusz, kawałków lub bloków schłodzonych lub zamrożonych. Do mielenia mięsa mrożonego na konwencjonalnych szlifierkach do mięsa są one wstępnie zamrażane, a do mielenia mrożonych surowców stosuje się specjalnie zaprojektowane wilki ze wzmocnionymi narzędziami tnącymi i napędem.

Obowiązkową czynnością przed mieleniem niezamrożonego mięsa jest odkostnianie i pozłacanie. W tym przypadku mięso zostaje uwolnione z kości, chrząstek i ścięgien, pocięte na kawałki w zależności od średnicy otworu wlotowego kosza zasypowego przędzarki. Obecność zamrożonych obszarów wewnątrz kawałków mięsa, a także kości, ścięgien, prowadzi do przedwczesnego stępienia noży i krawędzi kraty lub całkowitego zniszczenia noży.

Bez względu na konstrukcję i osiągi, schemat konstrukcyjny sworzni (rys. 1.6) jest taki sam.

Rys. 1.6. Schemat strukturalny młyna do mięsa.

Podczas przechowywania, transportu i mielenia, mięso jest pozyskiwane z soku, który jest korzystnym czynnikiem odżywczym dla każdej mikroflory w słabo kontrolowanej temperaturze. Nowoczesne urządzenia do przetwarzania produktów mięsnych wykorzystują specjalne chłodnie, które pozwalają na utrzymanie stałej, niskiej temperatury płaszczyzn roboczych w kontakcie z produktem.

Konstrukcja błystki powinna zapewniać możliwość higienicznego przechowywania błystki, dostępność do kontroli, obróbkę sanitarną komponentów. Części robocze młyna do mięsa (ślimaki, noże, kraty) muszą być zdejmowalne.

Elementy sterujące (przyciski, uchwyty itp.) powinny posiadać symbole informacyjne o przeznaczeniu, które spełniają wymagania GOST 27487.

Wilki, podobnie jak inne urządzenia do produkcji żywności, mają dwie strefy - spożywczą i techniczną. Strefa produktu - obszar mający kontakt z żywnością. Strefa techniczna - strefa nie mająca kontaktu z żywnością. Na przykład, tablica silnika jest obszarem technicznym, zbiornik wsadowy jest obszarem spożywczym. W przypadku wrzecion, części obszaru produktu muszą być wykonane z materiałów odpornych na korozję zatwierdzonych przez władze sanitarne.

Chropowatość powierzchni, mających kontakt z produktami spożywczymi, nie powinna być większa niż Ra 2,5 mikrona, zgodnie z GOST 2789. Uszczelki wałów muszą zapobiegać przedostawaniu się produktu i detergentów do mechanizmów napędowych i smarów.

Żywotność młynka do mięsa - nie mniej niż 10 lat, techniczny współczynnik wykorzystania - nie mniej niż 0,92.

GOST 12.2.003 i GOST 12.2.064 muszą być spełnione wymogi bezpieczeństwa.

Stopień ochrony urządzeń elektrycznych nie powinien być niższy niż 1P 54 zgodnie z GOST 14254.

Równoważny poziom dźwięku nie powinien przekraczać 80 dB. Rzeczywista wartość prędkości drgań na stanowiskach pracy nie powinna przekraczać wartości ustalonych przez GOST 12.1.012. Łoża młyna mięsnego powinny być uziemione zgodnie z GOST 21130. Opór pomiędzy zaciskiem uziemiającym a jakąkolwiek częścią metalową nie może przekraczać 0,1 Ohma. Oporność izolacji żył musi wynosić co najmniej 1,0 Mom.

Wilki o wysokości ciała większej niż 1500 mm powinny mieć składaną platformę (deskę nożną, stopień) na wysokości 200 mm od podłogi, aby obsłużyć wilki. Jeśli wysokość obudowy jest większa niż 1800 mm, w dogodnym miejscu powinien znajdować się uchwyt uchwyt.

Jeżeli operator nie widzi poziomu zbiornika z podłogi, błystka powinna być wyposażona w urządzenie w postaci stalowego lustra do oględzin.

Uszczelnienia (uszczelki wałów) muszą być wykonane z materiałów zatwierdzonych przez władze sanitarne jako mające kontakt z żywnością.

Wilki muszą być wyposażone w urządzenie zabezpieczające przed zranieniem personelu serwisowego podczas pracy z kratami posiadającymi otwory o średnicy 8 mm lub większej.

Na każdej błystce wykonanej w Rosji powinna być umieszczona tabliczka (tabliczka znamionowa) wg GOST 12969, zawierająca: znak towarowy i (lub) nazwę przedsiębiorstwa - producenta, oznaczenie, numer fabryczny produktu, rok i miesiąc wydania, oznaczenie normy (GOST) lub specyfikacji (TU).

Młynek do mięsa musi być obsługiwany przez operatora, który został przeszkolony i poinstruowany w zakresie bezpieczeństwa, który zapoznał się z instrukcją obsługi obsługi obsługi wilka.

Operator posiadający książeczkę sanitarną może pracować na rozdrabniaczach mięsa, ubranych w kombinezony, zgodnie z instrukcją technologiczną, działających w przedsiębiorstwie.

1.3. KLASYFIKACJA MŁYNKÓW DO MIELENIA MIĘSA

Przeznaczenie maszyny do mielenia mięsa podzielono na cztery główne grupy (rysunek 1.7).

- domowe młynki do mielenia mięsa używane w domu,
- młynki do mielenia mięsa dla małych i średnich przedsiębiorstw,
- jednoprocesowe szlifierki do mięsa dla dużych przedsiębiorstw,
- Młynki do mielenia mięsa są wieloprocesowe (zagregowane) dla dużych przedsiębiorstw.

Domowe szlifierki do mięsa dostępne są w dwóch rodzajach - ręczne i elektryczne. Średnica rusztów w tych szlifierkach do mięsa, 50 - 60 mm, moc silnika elektrycznego - 0,4 - 3 kW.

Kutry mięsne dla małych i średnich przedsiębiorstw (supermarkety, sklepy, zakłady gastronomiczne, jednostki wojskowe, sanatoria, szpitale itp.)) wykonane są w dwóch wersjach - biurkowej i podłogowej. Niektóre modele rozdrabniaczy podłogowych mają w dolnej części korpusu rolki (koła), które przesuwają rozdrabniacz do mięsa. Średnica rusztów w tych szlifierkach do mięsa wynosi 70-82 mm, moc silnika elektrycznego 2-4 kW.

Rębaki do mięsa jednoprocesowego dla dużych zakładów mogą być wykonane w wersjach do mielenia mięsa mrożonego lub świeżego, mogą być uzupełnione o pionowe urządzenia hydrauliczne lub krzywkowe do załadunku, przenośnik ruchomy uchylny posiada silniki 2 lub 3-biegowe (do przetwarzania mięsa świeżego i mrożonego). Średnica kratek - 114 - 400 mm, moc silnika - 5 - 125 kW.

Rozdrabniacze wieloprocesowe (zagregowane) mogą być wykonywane we wszystkich wariantach procesów jednostkowych i mają za wyjątkiem procesu mieszania, porcjowania, napełniania i pakowania mięsa mielonego. Średnica kratek - 114 - 400 mm, moc silnika - 5 - 125 kW.

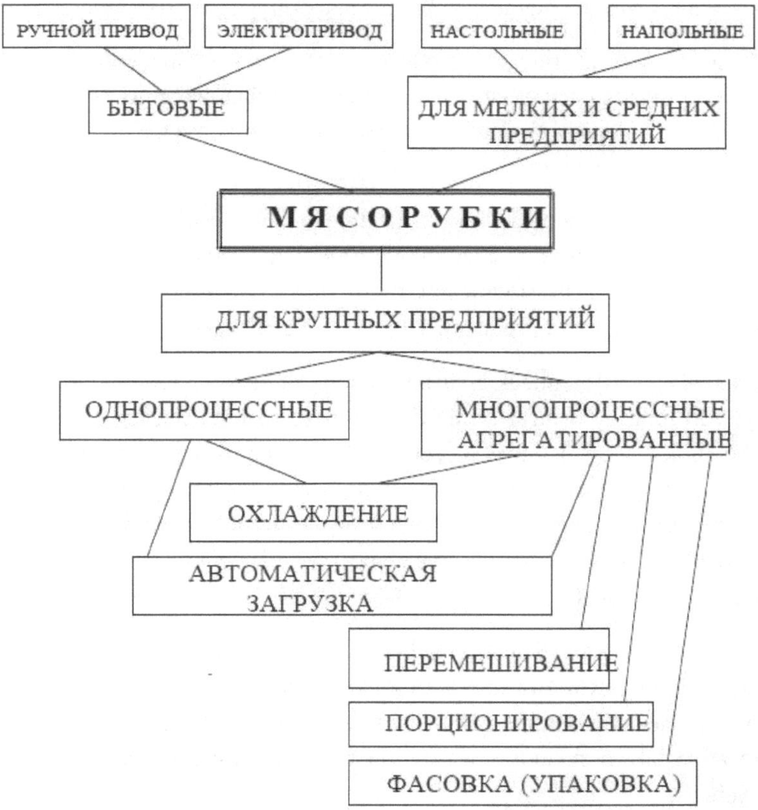

Rys. 1.7. Klasyfikacja kawałków mięsa.

1.4. PRZEGLĄD ZAGRANICZNYCH I KRAJOWYCH WILKÓW I MŁYNKÓW DO MIELENIA MIĘSA

Przed upadkiem ZSRR urządzenia do przetwórstwa mięsnego były produkowane głównie w Federacji Rosyjskiej, na Ukrainie i Białorusi zgodnie z GOST-ami i dokumentacją regulacyjną i techniczną. Odrębna polityka w zakresie projektowania i produkcji tego sprzętu jest obecnie wdrażana w tych krajach. Nowe stosunki gospodarcze otworzyły wolny dostęp do rosyjskiego rynku urządzeń do przetwórstwa mięsa z Niemiec, Hiszpanii, Finlandii, Chin i innych krajów.

Wiodącym światowym producentem urządzeń dla przemysłu przetwórstwa mięsnego są producenci niemieccy, którzy eksportują około 80% swoich maszyn.

W ostatnich latach zagraniczni producenci urządzeń do mielenia mięsa mają tendencję do tworzenia alternatywy dla wilków, a mianowicie wielofunkcyjnych maszyn do kompleksowej obróbki surowców mięsnych: mielenia, mieszania, strzykawek, porcjowania.

Mieszadła są przeznaczone do mieszania i mielenia wieloskładnikowej mieszanki różnych rodzajów mięsa i składników. Mieszadła produkowane są z różną wydajnością, z różnymi średnicami rusztu i wydajnością odgazowywania w zależności od wydajności produkcji wyrobów mięsnych.

Szlifierka MW 130 niemieckiej firmy "Kremer-Grebe" posiada średnicę kraty ściernej 130 mm, żywe urządzenie do usuwania ciał stałych, pojemność 0,145 m3/dobę, pojedynczy ładunek - 100 kg. Ta sama firma produkuje również wrzeciona kątowe z dwoma śrubami: śrubą rozdrabniającą i śrubą posuwową, umieszczonymi pod kątem 90o. Średnice kraty rozdrabniającej wynoszą 160 i 200 mm. Wilk grillowy 200 mm może być wyposażony w jednobiegowy silnik 45 kW lub dwubiegowy silnik 31/40 kW. Wydajność - 14 t/godz. schłodzonego mięsa.

Niemiecka firma Karl Schnell GmbH & Co, produkująca od ponad 50 lat urządzenia do przetwórstwa mięsa, produkuje błystkę mieszającą typu KG 751, która jest połączeniem zintegrowanej błystki i mieszadła. Głównym obszarem zastosowania takich zakładów jest produkcja mięsa mielonego, kiełbas, serów topionych.

Młynek niemieckiej firmy "K+G Setteg" U200 o średnicy kraty 200 mm ma wydajność mielenia mięsa chłodzonego 11 t/h, mięsa mrożonego 2 t/h. Moc napędu wynosi 35 kW. Szlifierka G160 tej samej firmy o średnicy kraty 160 mm. posiada zdolność do rozdrabniania mięsa chłodzonego 8 t/h, mrożonego - 1,5 t/h.

Moc napędu wynosi 30 kW. Te wilki mają po dwa świdry. Z dolnej części zbiornika paszowego kawałki mięsa wchodzą najpierw do ślimaka paszowego, który transportuje je do ślimaka roboczego. Każdy ślimak ma swój własny napęd. Wirnik jest sterowany za pomocą klawiatury z ekranem dotykowym i ma trzy prędkości śrub. Trzecia to mniejsza prędkość mielenia mrożonego mięsa. Klawiatura dotykowa zapewnia bezpieczeństwo, niezawodność i higienę urządzeń. Cząsteczki mielonego mięsa na palcach operatora nie zanieczyszczają guzików, które w tradycyjnej wersji są trudne do czyszczenia i z czasem prowadzą do utraty wydajności. Nic takiego nie dzieje się z płaską i gładką (dotykową) klawiaturą; jest ona łatwa do czyszczenia.

Wilki Setteg mieszalnika K+G pozwalają na mielenie z mieszaniem wstępnym niejednorodnych surowców mięsnych z dodatkiem składników. Zaletą połączenia wilka i mieszalnika jest skrócenie czasu procesu i wyeliminowanie mieszalnika z linii technologicznej. Produkt jest mieszany za pomocą wału mieszającego z łopatkami nad ślimakiem posuwowym. Podczas mieszania ślimak posuwowy obraca się w kierunku przeciwnym do ślimaka roboczego, co zwiększa wydajność mieszania. Po przejściu na rozdrabnianie kierunek obrotów wału mieszającego zostaje odwrócony, a ślimak podający przekazuje materiał do obróbki do dolnego ślimaka podającego, który prowadzi materiał do dyszy tnącej. Śruba robocza nie obraca się podczas procesu mieszania. Urządzenie może pracować jako mieszarka z kołami obrotowymi lub jako normalna mieszarka z kołami obrotowymi. Aby zapobiec zużyciu i nagrzewaniu się noży i kratek, stosuje się opóźnienie rozruchu ślimaka. Gdy operator naciśnie przycisk rozrusznika, ślimak posuwowy, który transportuje mięso do sekcji przenoszenia pomiędzy posuwem a ślimakiem roboczym, a ślimak roboczy pozostaje nieruchomy i jest napędzany dopiero po zwolnieniu przycisku rozrusznika przez operatora. Błystka jest wyposażona w urządzenie podające, które podnosi wózek paszowy, blokuje go nad lejem paszowym i odchyla.

Niemiecka firma Vemag Maschinenbau GmbH produkuje MMR 229. Jest to zintegrowany system wilczy Vemag, w którym procesy mielenia i oddzielania są zintegrowane i bezpośrednio przetwarzane na napełnianie i porcjowanie. Jest tam urządzenie do porcjowania mięsa mielonego. Strumień produktu wyciskany przez zespół porcjujący jest automatycznie układany na taśmie papieru. Możliwe jest porcjowanie bez podłoża papierowego. Przenośnik taśmowy transportuje przepływ produktu do noży. Pionowo ustawione ostrze jest kontrolowane przez czujniki śladu strzykawki. System sterowania pozwala na podłączenie wagi kontrolnej.

Niemiecka firma Risko produkuje wkładkę do błystek RS70, zintegrowaną ze strzykawkami próżniowymi RS 3005 i RS5005. Możliwość wykonywania w jednej maszynie takich operacji jak rozdrabnianie, porcjowanie, nadziewanie, zaginanie i klipsowanie zamienia błystkę w uniwersalną maszynę. Aby poprawić jakość, zapewnić długi czas przechowywania, mięso mielone może być rozdrabniane w środowisku dwutlenku węgla.

Urządzenie "Ultra MEW 726" firmy Maschinenfabrik Dornhan GmbH, Niemcy, jest wyposażone w system mieszania w dużej objętościowej misie napełniającej przed komorą napełniającą. Wydajność - 1,4 t/h. przy rusztie o średnicy 114 mm. Napęd młyna do mięsa jest dwubiegowy, odwracalny. Program produkcyjny tej firmy obejmuje osiem modeli wilków automatycznych serii "Ultra". Podstawowy model MEW 620 ma jedną stałą prędkość obrotową dla ślimaków posuwowych i roboczych. Kolejne modele mają możliwość zmiany prędkości obrotowej ślimaków posuwowych i roboczych. Wilki mogą być wyposażone w urządzenie oddzielające. Wydajność produkowanych modeli wynosi od 1 do 8 t/h.

Rolki firmy "Bizibera", Niemcy, FFW-N 32 i FW-N 98 są produkowane jako stacjonarne lub mobilne jednostki podłogowe z wanną odbiorczą o pojemności 50 litrów. Wydajność - od 350 do 1100 kg/h.

Do pracy w halach sprzedaży, supermarketach lub mini-produkcjach firma produkuje modele FW-N 22 i FW-N 82 o pojemności misy 8 i 13 litrów.

Szczególnym zainteresowaniem cieszą się wilki mikserskie niemieckiej firmy "Kilia", wyposażone w automatyczny system mycia. Dysze umieszczone w pokrywie maszyny mają kąt natrysku 120°, co zapewnia dostęp do całej wewnętrznej powierzchni bębna. Obudowa ślimaka jest czyszczona za pomocą listwy z dyszą. W zależności od stopnia zabrudzenia można wybrać różne programy czyszczenia. Instalacja jest kontrolowana przez system komputerowy, który reguluje sprzątanie i umożliwia prowadzenie dokumentacji, co jest ważne dla certyfikacji zgodnie z ISO 9000.

Niemiecka firma "Seydelmann" produkuje WD 114, AD114, ME130, ME130B, AE130 do mielenia świeżego (nie mrożonego) mięsa. Charakterystyka techniczna tych sworzni szkoleniowych została podana w tabeli 1.1. GW 300 i GW 400 są dostępne do mielenia mrożonego mięsa (bloków). Rysunek 1.8 przedstawia młynek do mięsa mrożonego GW 300. Tabela 1.2. przedstawia charakterystykę techniczną rozdrabniaczy mięsa mrożonego. Mogą one przetwarzać zarówno mięso mrożone jak i świeże. Wilki mogą być wyposażone w urządzenie do załadunku na tyczkę i uchylne urządzenie do załadunku.

Rysunek 1.9 przedstawia błystkę GW 300 do mięsa mrożonego z ładowarką słupową, rysunek 1.10 przedstawia nachylony przenośnik taśmowy. Kolumna nierdzewna

Rys.1.8 Wilk GW 300 do mrożonego mięsa z Seidelmann, Niemcy

Jednostka załadowcza jest wyposażona w 200-litrowy wózek do załadunku mrożonych bloków mięsa.

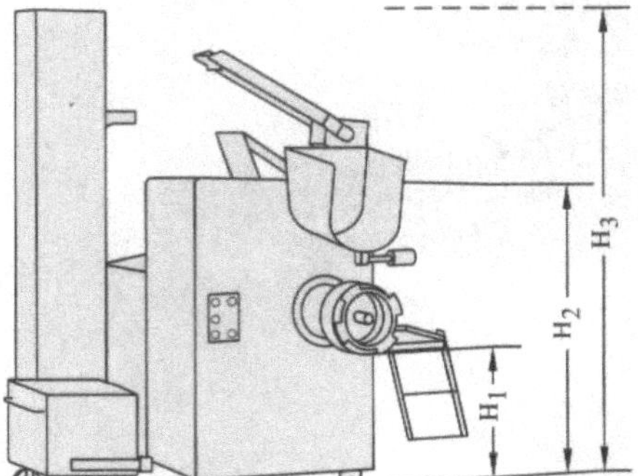

Rys.1.9. GW 300 dla mięsa mrożonego z urządzeniem do załadunku na słup.

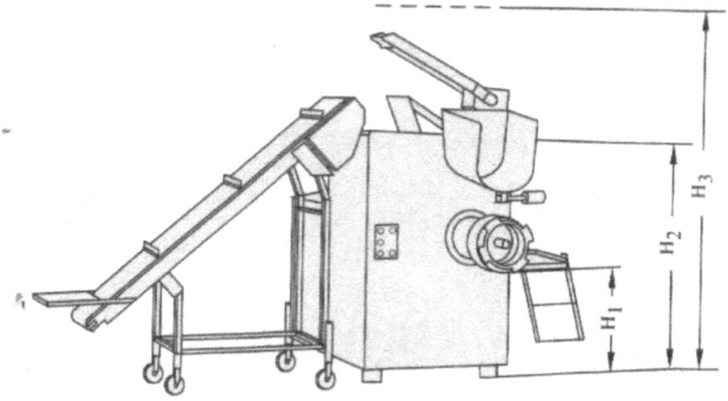

Rys. 1.10. Wolf GW 300 dla mięsa mrożonego z pochyloną taśmą transportową

W liniach produkcyjnych wilki są połączone z innymi urządzeniami za pomocą ruchomych przenośników pochylonych, co pozwala na automatyczną produkcję całej gamy produktów mięsnych, takich jak gotowane, surowe wędzone kiełbasy i pasztety. Prawidłową pozycję mięsa na przenośniku taśmowym podającym mięso do błystki zapewniają umieszczone na taśmie pasy z podskopami, a także fotoczujniki kontrolujące wysokość i położenie bloków i kawałków mięsa. Wilki posiadają hydrauliczne urządzenie zaciskowe, które dociska głęboko zamrożone bloki mięsa do specjalnej śruby, zapewniając w ten sposób jakość chwytu i wysoką wydajność przetwarzania. Rysunek 1.11 przedstawia śrubę do mielenia mrożonego mięsa na wózku rolkowym, rysunek 1.12 przedstawia śrubę do mielenia świeżego mięsa na wózku rolkowym.

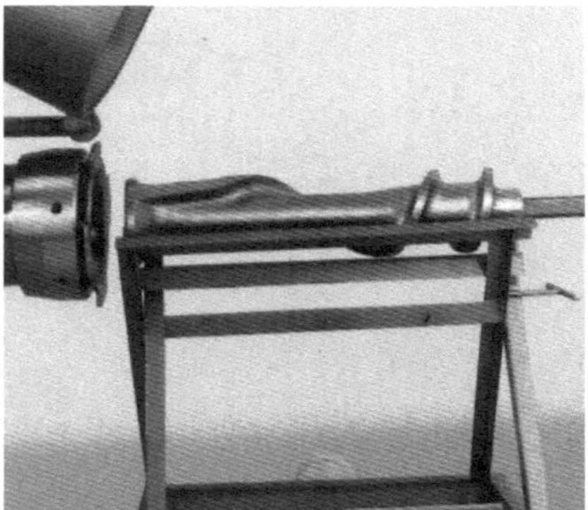

Rys.1.11. Śruba do mrożonego mięsa na wózku rolkowym.

Rys. 1.12. Śruba do świeżego mięsa na wózku rolkowym.

Wilki wyposażone są w hydrauliczny wyrzutnik śrub. Za pomocą przełącznika przyciskowego wszystkie narzędzia tnące ze śrubą w obudowie śruby są przesuwane do przodu i łatwo wyjmowane do czyszczenia i mycia. Silnik jest chroniony przez blokadę elektryczną w przypadku przeciążenia spowodowanego przypadkowym wniknięciem kości lub ciał obcych. Konstrukcja błystki jest wykonana ze stali nierdzewnej, wszystkie krawędzie są zaokrąglone, błystka jest łatwa do czyszczenia i mycia. Korpus śruby jest hartowany, co eliminuje jego przedwczesne zużycie. Urządzenie do ochrony dłoni, pokazane na rysunku 1.13, jest obowiązkowym wyposażeniem błystki.

Rys. 1.13. Urządzenie do ochrony rąk.

Blokada elektryczna uniemożliwia pracę bez tego urządzenia. Wilki Seydelmann posiadają certyfikat ISO 9001.

Tabela 1.1. Charakterystyka techniczna wilków niemieckiej firmy Seidelmann do mielenia świeżego mięsa

Znak wilka	WD114	AD114	ME130
Moc silnika głównego kW	6	9	18
Moc silnika miksera, kW	-	1,2	1,8
Wydajność kg/godz.	1000	1500	3000
Średnica kraty, mm.	114	114	200
Śruba numer, szt.	1	2	2
Waga, kg	260	560	650

Tabela 1.2: Charakterystyka techniczna wilków Seidelmann do mielenia mrożonego mięsa z Niemiec

MARK MUFFLE D	Urządzenia do załadunku na słupki i urządzenia ciśnieniowe **GW 300**	**GW 300** Pochylone urządzenia załadowcze i tłoczące	Ładowarka słupowa **GW 300**	Ładowarka przechylna **GW 300**	**GX 400 Urządzenia do** załadunku na słupki i urządzenia ciśnieniowe	**GX 400** Urządzenie do przechylania i prasowania	Ładowarka słupowa **GX 400**	**GX 400** Ładowarka przechylna
Moc silnika, kW	90 78/105*	90 78/105*	90 78/10 5*	78/105*	125	125	125	125
Produktywność, КГ АС	8000	8000	8000	8000	12000	12000	12000	12000
Wymiary bloków mięsnych, mm	900x500x 150	900x500x 150	900x 500x 150	900x500 x150	900x500 x200	900x 500x 200	900x 500x 200	900x 500 x200
Waga wilka, kg	3150	3150	2970	2970	37000	37000	3520	3520
Szerokość łóżka B1, mm	1260	1260	1260	1260	1260	1260	1260	1260
Szerokość łóżka B2, mm	2360	4800	2360	4800	2360	4800	2360	4800
Odległość od ściany B3, mm	2860	2860	2860	2860	2860	2860	2860	2860
Głębokość łoża T1, mm	1810	1810	1810	1810	1810	1810	1810	1810
Głębokość całkowita T2, mm	2800	2800	2800	2800	2950	2950	2950	2950
Huśtawka Wysokość H1, mm	750	750	750	750	750	750	750	750
Odległość od podłogi do lejka H2, mm	1940	1940	1940	1940	1940	1940	1940	1940
Wysokość sufitu, mm	3000	3000	3000	2600	3000	3000	3000	2600

* dwie prędkości

Na rynku urządzeń do przetwórstwa mięsnego istnieją próbki, które przetwarzają schłodzone mięso. Podczas przetwarzania mięsa mielonego temperatura wzrasta pod wpływem tarcia i ciśnienia, co ma negatywny wpływ na właściwości organoleptyczne, higienę produkcji, wartość żywności, jej bezpieczeństwo i strawność. Włoska firma "La Minerva" produkuje schłodzone wilki. U tych wilków mięso podczas przetwarzania i transportu dotyka tylko zimnych powierzchni (temperatura od 1 do 5 °C), co zapewnia zachowanie właściwości organoleptycznych i wartości odżywczych mięsa, a także poprawę higieny procesu technologicznego.

Angielska firma KENWOOD produkuje kilkanaście modeli kutrów do różnych celów technologicznych. Hiszpańska firma "Fatosla" od ponad 30 lat produkuje urządzenia dla przemysłu przetwórstwa mięsnego, rybnego i konserwowego. Model RA-130 o pojemności 3 т/час i masie 0,59 t ma siatkę rozdrabniającą o średnicy 130 mm. Model RA-160 ma pojemność 5 т/час, wagę 1,3 t i średnicę rusztu 160 mm. Model RA-200 ma pojemność 8 т/час, wagę 1,5 t i średnicę kraty 200 mm.

Duńska firma "Wolfing" wypuszcza wilcze mieszadła o średnicy kraty 160 i 250мм Wydajność wilczego mieszadła o średnicy kraty 250 mm - 18 t/h. Moc napędowa wilka - 55 kW. Mieszadła - 4 kW.

Fińskie przedsiębiorstwo "Konetollisuusf" (KT) od 1938 roku produkuje szeroką gamę urządzeń do przetwarzania mięsa. Firma sprzedaje ten sprzęt w wielu krajach na całym świecie. Przędzalki KT spełniają wymagania Normy Europejskiej Projekt prEN 12331 Maszyny górnicze, marzec 1996. Tabele 1.3 i 1.4 przedstawiają charakterystykę techniczną maszyn KT.

Tabela 1.3. Charakterystyka techniczna fińskich wilków twardych KT

MARK	LM-5/P	LM-10/P	LM-22/P LM-82/P	LM-32/L LM-98/L	LM-42 LM-130
Wydajność, kg/h.	100	200	300	750	1500
Średnica kraty, mm	53	70	82/83	98/100	130
Moc, kW.	0,55	1,55	1,5	3	7,5
Waga, kg	22	42	44	90	310

W LM-5/P LM-10/P LM-22/P LM-32/L LM-42 oś noża jest elipsa, w LM-82/P LM-98/L LM-130 oś noża jest kwadratowa.

Tabela 1.4.Charakterystyka techniczna fińskiego automatycznego podajnika i mieszalnika KT .

Model	LM-22/A	LM-32A	LM-42/A
Produktywność kilogodzina	660	1150	1600
Moc silnika głównego kW	3	3	7,5
Moc silnika miksera, kW	-	1,1	1,1
Średnica kraty, mm	82	100	130
Waga, kg.	180	230	380

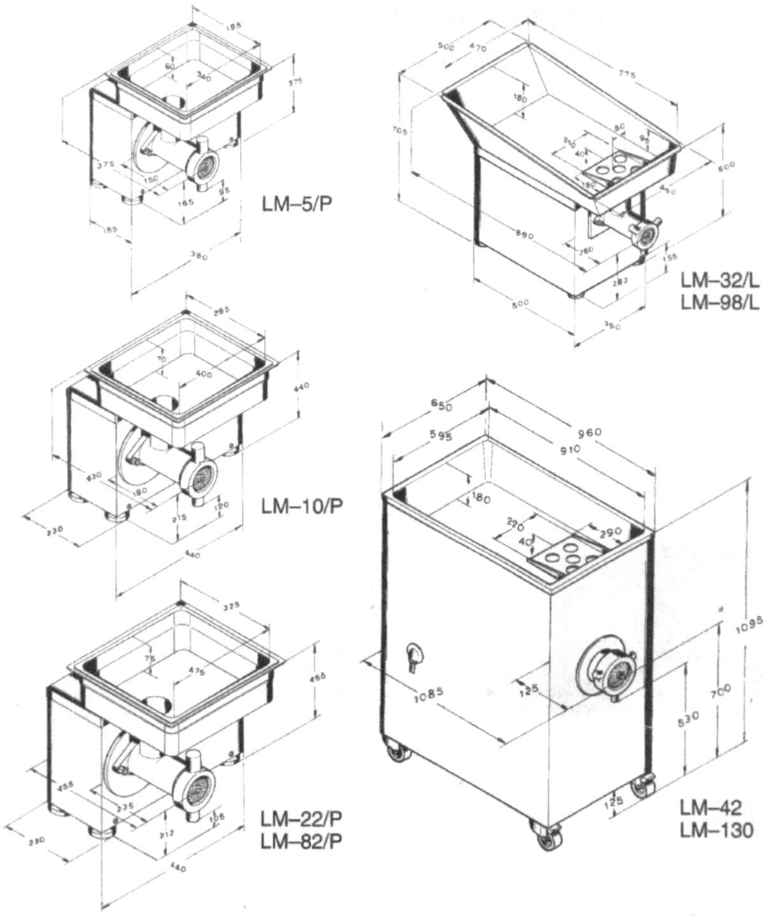

Rys.1.14. Parametry geometryczne fińskiej firmy KT.

Szeroko stosowane jest wyposażenie austriackiej firmy "Laska", która produkuje "Super Młynek WWB" do mielenia mięsa chłodzonego i mrożonego za pomocą podnośnika słupowego i wózka przechylnego. Średnica kraty - 130 - 220 mm. Błystki obrotowe kątowe BMW-1330 posiadają kratkę ścierną o średnicy 130 mm. Nad ślimakiem posuwowym znajduje się 0,2m3 deja z dwoma wałami ostrzy. Napęd wilka ma moc 11 kW, silnik mieszadła - 4 kW. BMB-1680 ma ruszt szlifierski 160 mm i mieszadło o pojemności 0,55 m3. Mieszadło kątowe BMW-2012 posiada ruszt szlifierski o średnicy 220 mm, wydajność mieszadła 0,8M3.

Wilki MIM300, MIM350 i MIM600 są produkowane przez Belorstorgmash. Korpus wilka wykonany jest z malowanej blachy stalowej, śruba i korpus śruby wykonane są ze stopów aluminium. W przeciwieństwie do MIM300 i MIM600, szlifierka kątowa MIM350 posiada przekładnię ślimakową , tryb wsteczny oraz okładzinę ze stali nierdzewnej.

Tabela 1.5. Charakterystyka techniczna wilków białoruskiej firmy Belorstorgmash

MARK	MIM-300	MIM - 350	MIM - 600
Wydajność, kg/h.	100	350	600
Moc, kW.	1,9	1,5	2,2
Prędkość obrotowa Ślimak, obroty na minutę.	250	185	250
Wymiary, mm	680x400x441	560x520x420	765x450x576
Waga, kg	47	42	56

Szeroką gamę wilków prezentuje Połtawska Fabryka Maszyn i Urządzeń.

Szlifierka K6-FPV-120 posiada ślimaki rozdrabniające i podające zainstalowane w jednej linii, ale śruba rozdrabniająca i noże na palcu obracają się szybciej. Pośredni wał drążony jest zamontowany na łożyskach w obudowie śruby, gdzie obraca się wał napędowy śruby rozdrabniającej. Spirala ślimaka podającego jest połączona z wałem drążonym i obraca się po zewnętrznej stronie wału ślimaka rozdrabniającego. Średnica rusztu rozdrabniającego - 120 mm, moc silnika elektrycznego - 18,5 kW. Wydajność 2,5 t/h.

Szlifierka MP-1-160 posiada ślimaki rozdrabniające i podające zainstalowane równolegle w płaszczyźnie poziomej. Wilk ma kraty o średnicy 160 mm. Silnik elektryczny o mocy 14 kW o prędkości 24 s-1 poprzez dwustopniową przekładnię zapewnia prędkość obrotową ślimaka rozdrabniającego i noży 3 - 4,6 s-1, ślimaka posuwowego - 2 - 1,18 s-1 Wydajność - 3 t/h.

Turner FPM-2-120 posiada silnik elektryczny o mocy 10 kW. i prędkości obrotowej 24 s-1. Prędkość obrotowa ślimaka rozdrabniającego 5c-1, podawanie - 0,52 s-1. Średnica rusztu rozdrabniacza - 120 mm. Wydajność wilka - 2 t/h. Masa maszyny wynosi 500 kg.

Błystka obrotowa kątowa K6-FVZP-200 posiada śrubę rozdrabniającą, która obraca się w stalowej tulei z żebrami spiralnymi wewnątrz powierzchni. Prostopadle do obudowy śruby rozdrabniającej przymocowana jest obudowa dwóch spirali podajnika. Zainstalowana moc całkowita wynosi 18,5 kW. Wydajność - 4,5 t/h., masa maszyny - 1,2 t.

Wilkołak kątowy K6-FPV-160 posiada oddzielny napęd noży i śrubę tnącą o zmiennym skoku. Ślimak posuwowy wykonany jest w formie pojedynczej spirali i posiada autonomiczny napęd. Ślimak rozdrabniający jest wydrążony w środku i przechodzi przez niego wałek nożowy. Noże obracają się w czasie 8,3 s-1, a śruba posuwu w czasie 3,3 s-1.

Kratki mechanizmu szlifierskiego są zamocowane w zdejmowanej tulei zamontowanej w cylindrycznej obudowie. Średnica rusztu rozdrabniacza - 160 mm. Wydajność 5 t/h., Całkowita moc napędu - 32, 2 kW, waga - 1200 kg.

W ostatnich latach na rynku międzynarodowym pojawiły się młynki do mielenia mięsa chińskiej firmy Yuanchang Production. Te młynki do mięsa nie różnią się od swoich europejskich odpowiedników pod względem konstrukcji i wydajności. Na ladach dzisiejszych sklepów można znaleźć młynki do mielenia mięsa wielu zagranicznych firm, które są produkowane w Chinach.

Tabela 1.6. Charakterystyka techniczna wilków chińskiej firmy "Yuanchan production".

Model	J120	JR160 (dwie śruby)	JR200
Produktywność kilogodzina	1500	3000	5000
Moc, kW.	7,5	33	45
Prędkość obrotowa Ślimak, obroty na minutę.	118	160	200
Waga, kg.	260	1660	1801

Leningradzki Zakład Maszyn Drukarskich produkuje wilki o średnicy kraty 82 mm: 4MM, 4MMA, 8MM, 8MMA i o średnicy siatki 114 mm: MM młynek do mięsa. Główne parametry tych maszyn podane są w tabeli 1.7.

Tabela 1.7 Charakterystyka techniczna wilków "Lenpoligrpafmash" JSC

Marka / **Parametry**	**MMC**	**44MM**	**M8M**	**8MM**
Wydajność - kg/godz.	11500	2300	200	300
Średnica kratka, mm	1114	882	70	82
Prędkość obrotowa robak, rpm	2275	2242	250	242
Moc zainstalowana, kW	55,5	11	0,65	1
Napięcie, Bolt.	3380	3380	380/220	380/220
Dostępność odwrotna strona robaka	nie	dda	ale	ale
Drive	Cuneifor m	Ząbkowany	Klin	Klin
Waga, kg	4440	653	50	60
Wymiary	8870x74 0x122	6620x430x360	500x400x600	710x360x590

Rys.1.15. Krajalnica do mięsa 4MM firmy Lenpoligrafmash.

Rys.1.16. Rozdrabniacz mięsa 8 MM produkowany przez Lenpoligrafmash.

Krajalnice do mięsa 4MM (rysunek 1.15) i 8MM (rysunek 1.16) są przeznaczone dla małych i średnich przedsiębiorstw. Pracują w jednostkach wojskowych, zakładach gastronomicznych, szpitalach, sanatoriach itp. Kotlety mięsne MM są przeznaczone dla dużych przedsiębiorstw. Rębaki do mięsa 4MM i 8MM są przeznaczone dla małych i średnich przedsiębiorstw i różnią się układem. Młynek do mięsa 8 MM jest wyższy, zajmuje mniej miejsca i może być zainstalowany na małym stole lub blacie sklepowym. Na specjalne zamówienie, szlifierki do mięsa mogą być wykonane z aluminiową śrubą i korpusem śruby lub ze stali nierdzewnej (droższe).

Szczególną klasę młynków do mięsa stanowią domowe młynki do mielenia mięsa. Od wielu dziesięcioleci ręczne szlifierki do mięsa, przedstawione na rysunku 1.18, są szeroko stosowane w życiu codziennym. Te szlifierki do mięsa są produkowane zgodnie z GOST 20469-95. Obecnie te szlifierki do mięsa są zastępowane przez szlifierki elektryczne wyposażone w silniki elektryczne w celu wyeliminowania pracy ręcznej i zwiększenia wydajności.
Elektromasorubki wykonane są na napięcie znamionowe 220 V i częstotliwość znamionową 50 Hz. Rozmiary krat i noży - zgodnie z GOST 4025.

Siekacze do mięsa mogą być uzupełnione o przystawki do krojenia i golenia, do przygotowywania soków, mielenia kawy, do formowania makaronów, do nadzienia kiełbas, do profilowania ciasta.

Typowym przedstawicielem elektrycznych szlifierek do mięsa w gospodarstwach domowych jest niemiecka szlifierka do mięsa EN-107 o mocy 1,2 kW. (Rys.1.17). Młynek do mięsa jest łatwy w utrzymaniu, ma odwrotny, piękny kształt, ale jako wadę można zauważyć jego zwiększony hałas w pracy.

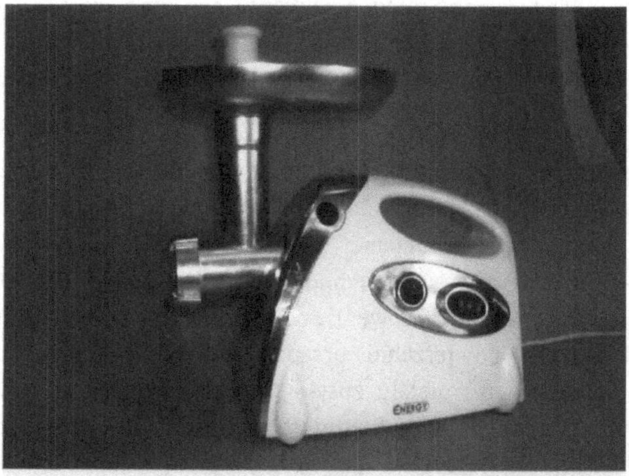

Rys. 1.17. Niemiecka szlifierka do mięsa PL - 107

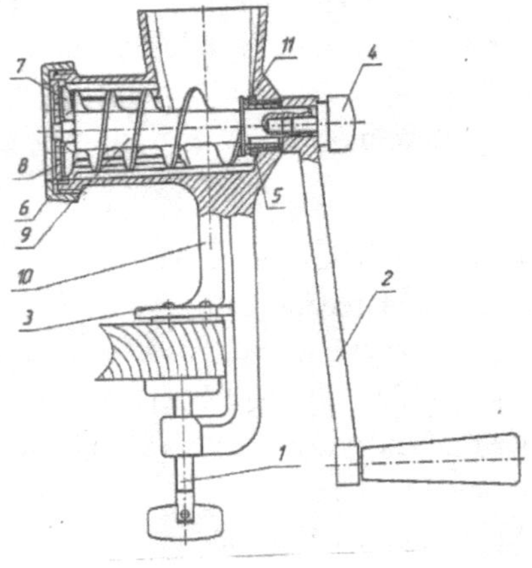

Rys. 1.18. Domowa ręczna szlifierka do mięsa.

Na półkach specjalistycznych sklepów można dziś znaleźć ponad 25 modeli importowanych szlifierek do mięsa, produkowanych w Niemczech, Francji, USA, Włoszech, Hiszpanii, Finlandii, Białorusi, Chinach i innych krajach. Wiele importowanych młynków do mielenia mięsa ma dość wysoki poziom techniczny, dobrą wydajność i pozwala na uzyskanie dobrej jakości siekanego produktu. Jednak cena importowanych wilków z kosztami transportu i sprzedaży, wysoki koszt części zamiennych, noży i siatek w porównaniu z wyposażeniem krajowym znacznie zwiększa koszt produktu przetworzonego surowca mięsnego. Zakup importowanego sprzętu (a także surowców) nie przyczynia się do tworzenia miejsc pracy, rozwoju produkcji krajowej i bezpieczeństwa żywnościowego kraju.

Na początku XXI wieku konstrukcja rozdrabniaczy została znacznie ulepszona. Rolki wykonuje się już w wykonaniu jednostopniowym (tylko rozdrabnianie), a także wielofunkcyjnym (mieszanie surowców, rozdrabnianie, formowanie, strzykawkowanie). Nowe procesy technologiczne stosowane są do szlifowania - chłodzenia, izolacji dwutlenkiem węgla, odkurzania, automatycznego mycia. Do produkcji obudów i powierzchni urządzeń stosowane są wyłącznie stale nierdzewne, intensywność metalu została znacznie zmniejszona, dużą uwagę zwraca się na ergonomię i formy konfiguracji, stosowane są nowoczesne środki elektro-automatyczne, sterowanie dotykowe, nowoczesne masy plastyczne i zaawansowane procesy obróbki powierzchni.

PYTANIA KONTROLNE.

1. Kto wynalazł młynek do mięsa?

2. Kiedy wynaleziono maszynę do mielenia mięsa?

3. W jaki sposób produkowano mięso mielone przed wynalezieniem młynka do mięsa?

4. Dlaczego niektóre młynki do mielenia mięsa nazywają je wilkami?

5. Który kraj jest wiodącym producentem urządzeń do przetwórstwa mięsnego?

6. Wymień znane firmy zagraniczne produkujące urządzenia do przetwórstwa mięsa.

7. Jaka jest maksymalna wydajność znanych modeli młyna do mięsa?

8. Jaka jest maksymalna waga maszynki do mielenia mięsa, którą znasz?

9. Jak są klasyfikowane młynki do mielenia mięsa?

10. Do czego przeznaczona jest ta maszynka do mielenia mięsa?

11. Jakie parametry decydują o właściwościach technicznych wilków?

12. Nazwać czynności wykonywane przed mieleniem mięsa na przędzalniach.

13. Daj mi schemat strukturalny młynków do mięsa.

ROZDZIAŁ 2. DZIAŁANIE I FUNKCJE MASZYNY

2.1. DZIAŁANIE MŁYNA DO MIĘSA

Praca różnych rozbiorów mięsa odbywa się według ogólnego schematu technologicznego. Wstępnie pokrojone mięso (wielkość przejścia w szyjce korpusu ślimaka) trafia do zbiornika odbiorczego. Ze zbiornika surowiec przemieszcza się do obudowy ślimaka, a w obudowie transportowany jest przez ślimak do rusztu tnącego. Parametry szlifowania surowca zależą od ilości zainstalowanych noży i rusztów.

Instalacja noży i siatek zgodnie z ogólnie przyjętym schematem międzynarodowym jest określona przez dwa systemy: UNGER (Unger) i ENTERPRISE (Enterprise). W systemie Unger montowane są: kratka podcięta, nóż dwustronny, kratka z dużymi otworami, nóż dwustronny, kratka z małymi otworami. W systemie Enterprise System zainstalowane są następujące elementy: kratka podcięta, kierownica dwustronna i kratka wyjściowa.

Na pierwszym wykresie (Unger) surowce, obracające się wraz ze śrubą i poruszające się wzdłuż osi osłonki, są cięte na kawałki za pomocą ostrzy siatki tnącej, umocowanej w osłonie. Następnie surowiec jest rozdrabniany za pomocą obracającego się pierwszego dwustronnego noża, przesuwany do pierwszego (grubego) rusztu, przepychany przez niego, rozdrabniany drugim dwustronnym nożem, przepychany przez drugi (drobny) ruszt i wrzucany do pojemnika odbiorczego (taca lub wózek).

W drugim schemacie (Przedsiębiorstwo) surowiec, obracający się za pomocą śruby i poruszający się wzdłuż osi obudowy, jest cięty na kawałki przez ostrza podcinanej kraty, przymocowanej w obudowie. Następnie surowiec jest rozdrabniany za pomocą dwustronnego noża, przenoszony na ruszt, przepychany przez niego i wrzucany do pojemnika odbiorczego (taca lub wózek).

Wysokowydajne młynki do mielenia mięsa mają wymuszone podawanie surowców do zbiornika. Mięso może być ładowane do rozdrabniaczy mięsa w dół, za pomocą przenośnika taśmowego z ładowarkami mechanicznymi, hydraulicznymi lub pneumatycznymi. Większość przemysłowych młynków do mielenia mięsa (wilki) posiada wymuszony dopływ surowców do korpusu ślimaka. W uproszczonych maszynach do mielenia mięsa, surowce są ładowane do korpusu ślimaka grawitacyjnie lub za pomocą popychacza.

Jednym z głównych parametrów wilków (rozdrabniaczy mięsa), który decyduje o wydajności jest średnica kraty. Dla młynków do mielenia mięsa używanych w małych firmach i sieciach handlowych jest to 82 lub 110 mm. Wydajność tych miniarek wynosi 150 - 800 kg/h, a wydajność silnika elektrycznego 2 - 4 kW. Szlifierki 114-250 mm stosowane są do rozdrabniania mięsa średnich i dużych przedsiębiorstw o wydajności 800-12000 kg/h i mocy silnika elektrycznego 5-80 kW.

W domowych szlifierkach elektrycznych średnica rusztu szlifierskiego wynosi 50 - 60 mm przy 1 - 3 kW. Wydajność - do 300 kg/godz.

Prędkość obrotowa noży w wolnoobrotowych maszynach do mielenia mięsa - 100 - 200 obr/min, średnio 200-300 obr/min. przy prędkości 300-400 obr/min.

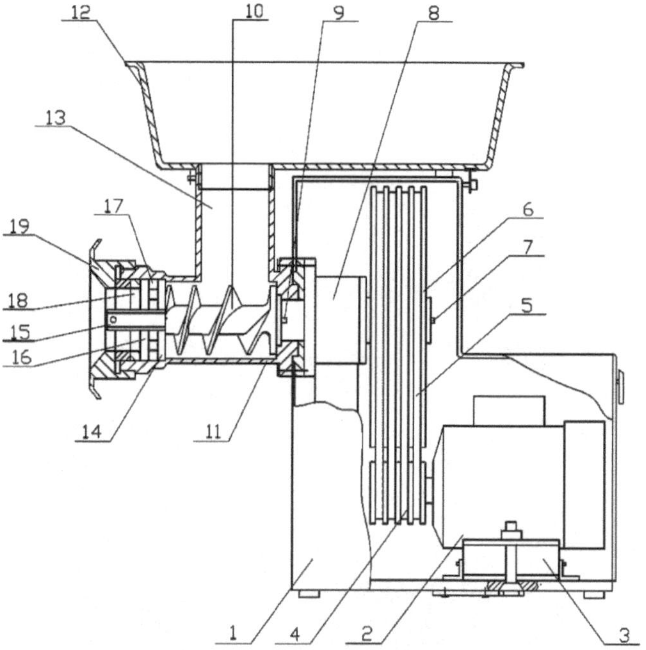

Rys.2.1. Obcinarka do mięsa z jedną śrubą roboczą.

Jednoślimakowe szlifierki do mięsa (rys. 2.1) stosowane są w małych i średnich przedsiębiorstwach o średnicy tłucznia do 114 mm. Silnik 2 jest zamontowany na obudowie (podstawie) 1, umieszczonej na płycie silnika 3. Obroty z elektrobębna 4 silnika są przenoszone przez pasy klinowe 5 na elektrobęben 6, który jest zamocowany na osi 7 obudowy łożyska 8. Oś 7 na końcu ma szczelinę 9, w którą wkłada się śrubę 10. Ślimak znajduje się w obudowie dla ślimaka 11. Po podaniu surowca do zasobnika nr 12, surowiec jest podawany przez szyjkę zasobnika nr 13 do zwojów ślimaka i transportowany na ruszt podcinający nr 14. Ruszt tnący nie obraca się, jest wciskany na obracający się trzpień 15 i mocowany za pomocą klucza w obudowie śruby. Podczas przechodzenia przez podcięty ruszt, surowce są odcinane nożem 17 i przepychane przez ruszt rozdrabniający 16. Jeśli jest drugi nóż, mięso jest dodatkowo siekane, przepychane przez drugi ruszt i wpada do tacy odbiorczej lub wózka. Noże i kraty są ściśle dociśnięte do siebie przez pierścień rozprężny 18 poprzez przykręcenie centralnej nakrętki 19.

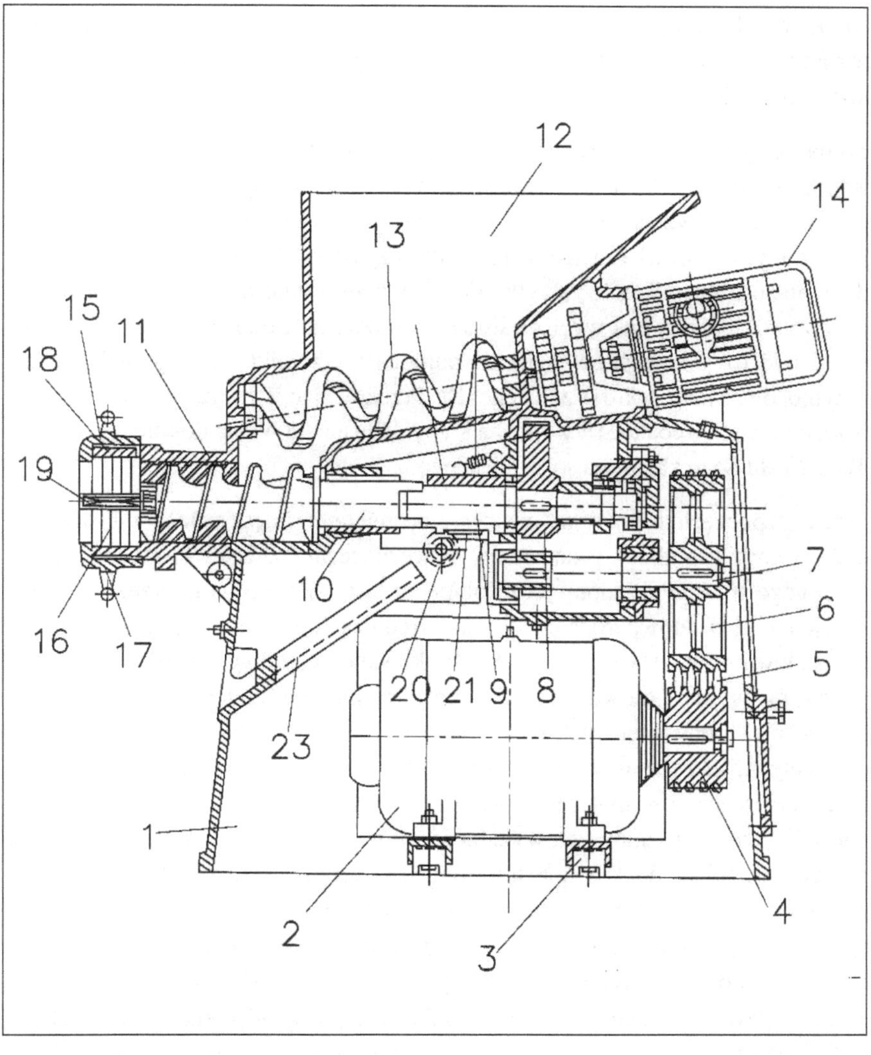

Rys.2.2. Wilk ze śrubami roboczymi i transportowymi.

Rysunek 2.2. przedstawia schemat wilka ze ślimakami roboczymi i przenoszącymi. Silnik elektryczny 2 jest zamontowany na płycie podstawowej 3. Obroty z koła pasowego 4 są przenoszone na koło pasowe 6 za pomocą przekładni pasowej 5, która jest przymocowana do wału pośredniego 7 przekładni 8. Śruba rozdrabniająca 10 podłączona jest do końca 9 wału wyjściowego przekładni i znajduje się w obudowie śruby11. Przy podawaniu surowców do zasobnika 12, surowce są transportowane dwoma ślimakami podającymi 13 napędzanymi silnikiem elektrycznym 14. Następnie surowiec jest podawany do zwojów rozdrabniacza ślimakowego 10, transportowany na siatkę podciętą 15, noże 16, dociskany nakrętką centralną 17 do siatki 18.

Śruba z narzędziem tnącym jest wyciągana z obudowy śruby w celu wyeliminowania usterek spowodowanych skręcaniem się rdzeni i folii na nożu oraz w celu sanityzacji urządzenia. Demontaż śruby za pomocą narzędzi tnących jest trudny, ponieważ cząsteczki surowca przyklejają się do części. Do łatwego demontażu śruby odkręcić nakrętkę 17. W sworzniu świdra 19 znajduje się otwór, za którym specjalny hak wyciąga śrubę za pomocą narzędzia tnącego. Wkręcanie może być również wykonywane za pomocą wyrzutnika, którego uchwyt jest przymocowany do sektora zębatego 20. Przekręcając uchwyt, sektor zębaty 20 przesuwa tuleję zębatą 21 i wypycha śrubę. Wiosna 22 wraca do tulei zębatej 21. Taca 23 służy do zbierania soku mięsnego.

Przed rozpoczęciem pracy na maszynie do mielenia mięsa należy zainstalować noże i tarki zgodnie z zadaniem procesu technicznego. Produkcja mięsa mielonego o różnym stopniu rozdrobnienia jest zapewniona poprzez instalację specjalnych rusztów, różniących się średnicą otworów i ich ilością. Po zainstalowaniu noży i siatek, są one blokowane centralną nakrętką 17. Noże i ruszty mogą nie pasować na całej powierzchni z różnych powodów (słabe dokręcenie centralnej nakrętki, deformacja, niewspółosiowość otworów centralnych, nierównomierność noży, słabe szlifowanie rusztów, uszkodzenie narzędzia tnącego z małymi kośćmi lub ciałami obcymi). Słabe dokręcenie nakrętki centralnej zmniejsza wydajność i jakość cięcia, ponieważ ostrza nie są mocno dociśnięte do kraty, a luz pogarsza warunki cięcia. Silne dokręcenie zwiększa tarcie noży na rusztach, zwiększone zużycie, nagrzewanie się noży, rusztów, mięsa mielonego i powoduje, że produkty ścierania narzędzi tnących dostają się do mięsa mielonego. Dlatego do noży i siatek należy używać stali, które nie zawierają elementów trudnych do usunięcia z ludzkiego ciała, takich jak nikiel, chrom. W przypadku wilków wysokowydajnych grubość kraty 10 mm zmniejsza się o 5 mm w okresie eksploatacji kraty.

Nie należy obsługiwać młyna do mięsa, jeśli w korpusie ślimaka nie ma surowca, ponieważ może to prowadzić do wyżarzania noży, wysuszonego tarcia na ruszcie. Aby zapobiec dostaniu się palców pod nóż, nie należy instalować rusztu rozdrabniającego z otworem o średnicy większej niż 8 mm. na wylocie bez osłony ograniczającej.

W przypadku nagłego zatrzymania mielenia (napęd jest włączony, mięso jest ładowane, ale mielone nie wychodzi z rusztu) należy nacisnąć przycisk "Stop", przekręcić środkową nakrętkę mechanizmu mielącego, wyjąć śrubę z nożami i rusztami wciśniętymi na jej osi, oczyścić je z nawiniętych folii i żyłek, następnie włożyć śrubę z nożami na miejsce, przykręcić nakrętkę i kontynuować pracę.

Większość nowoczesnych szlifierek do mięsa stosuje odwrotny (przeciwny obrót śruby), aby przyspieszyć proces czyszczenia, gdy mechanizm tnący jest zablokowany. W tym celu należy nacisnąć przycisk "Stop", a następnie przycisk "R", aby cofnąć. Śruba obraca się w przeciwnym kierunku, rozluźniając surowce i oczyszczając żyły, które utrudniają pracę młyna do mięsa. Tył można włączyć dopiero po całkowitym zatrzymaniu się śruby. Jeśli funkcja odwrotna nie działa, napęd należy wyłączyć przyciskiem "Stop", a następnie ręcznie wyczyścić śrubę w zwykły sposób.

Do łatwego demontażu narzędzi tnących po pracy i do mycia można włączyć odwrotnie po zdjęciu centralnej nakrętki zespołu tnącego. Ślimak z narzędziem tnącym przesuwa się do przodu i może być łatwo usunięty z resztkami surowca w ruszty i obudowie śruby.

2.2. MECHANIZM POSUWU, WYTŁACZANIA I CIĘCIA

Mechanizm posuwu, wyciskania i cięcia składa się z korpusu śruby, śruby z palcem, siatki tnącej, rusztów tnących, noży i centralnej nakrętki mocującej. Wydajność, jakość cięcia i niezawodność zależą od urządzenia i trybu pracy tego mechanizmu. Stopień rozdrobnienia zależy od średnicy otworów w ruszcie.

Operator, zgodnie z procesem technicznym dotyczącym produkcji betonu, dokonuje instalacji niezbędnego narzędzia tnącego. Do szlifowania zgrubnego lub dokładnego z małą ilością surowców (gdy nie jest wymagana wysoka przepustowość), zainstalowana jest jedna siatka podcięta, jeden nóż i jedna siatka rozdrabniająca (system Enterprise). Jeśli objętość jest duża, montuje się kratkę tnącą, nóż dwustronny, kratkę z dużymi otworami, drugi nóż dwustronny i kratkę z małymi otworami (system Unger).

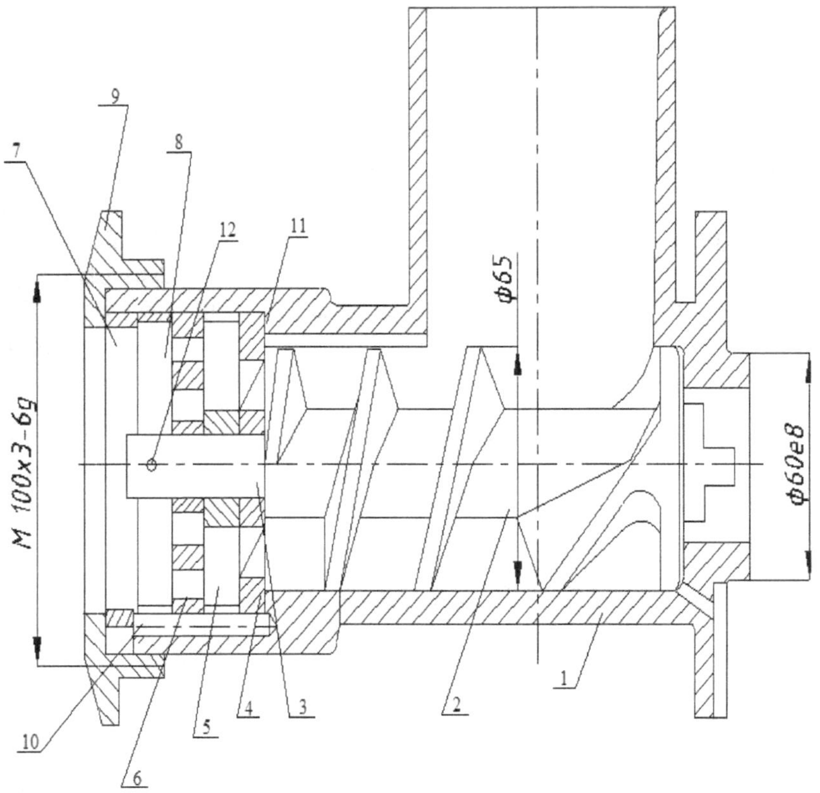

Рис. 2.3. Схема установки режущего инструмента в системе энтерпрайз

Rysunek 2.3 przedstawia schemat instalacji narzędzia tnącego w systemie Enterprise z kratą odcinającą, jednym nożem i jedną kratą rozdrabniającą. W obudowie ślimaka 1 znajduje się ślimak 2 z trzpieniem 3. Ruszt odbierający 4, nóż 5, ruszt siekający 6 są umieszczone na palcu śrubowym. Noże i ruszty są mocno dociskane za pomocą 7 i 8 pierścieni z nakrętką centralną 9 do ogranicznika korpusu śruby 11. Gdy grubość kratek i łopatek zmniejsza się po ponownym ostrzeniu, szczelne zaciskanie zapewnione jest przez zwiększenie liczby pierścieni zaciskowych lub przez zastąpienie ich szerszymi oraz przez przykręcenie nakrętki centralnej 9.

Przycisk 10 jest wciśnięty w korpusie śruby, aby zapobiec obracaniu się rusztów odbiorczych i rozdrabniających, które są przymocowane do trzpienia śrubowego 3.

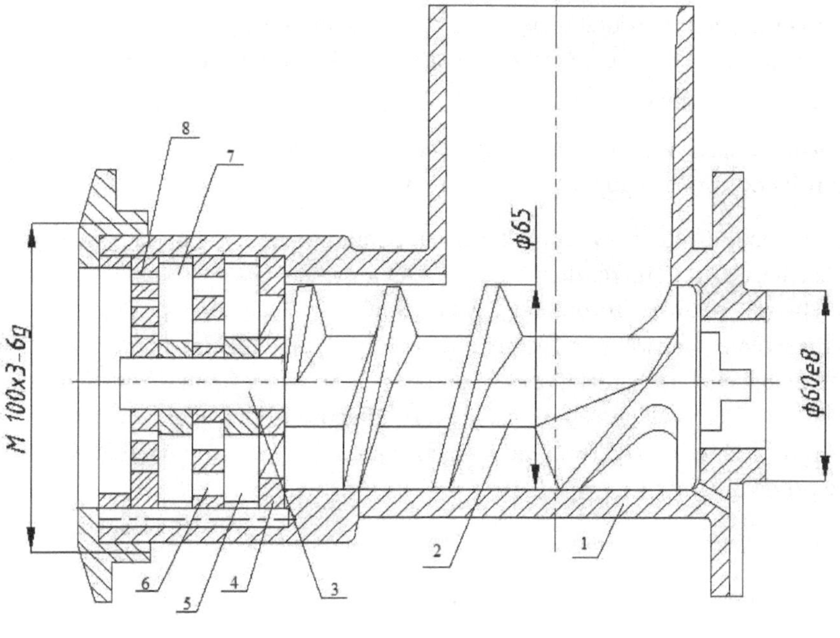

Rys. 2.4. Instalacja narzędzi tnących w systemie Unger.

Rysunek 2.4 przedstawia schemat instalacji narzędzi tnących w układzie Unger z rusztem podcinanym 4, pierwszym nożem dwustronnym 5, pierwszym rusztem 6 z dużymi otworami, drugim nożem dwustronnym 7 i drugim rusztem podcinanym 8 z małymi otworami.

Mięso z kosza zasypowego wchodzi do gwintu ślimaka przez końcówkę odbiorczą i jest transportowane wzdłuż korpusu ślimaka. Rowki śrubowe są wycięte na wewnętrznej powierzchni obudowy śruby (w niektórych wersjach rowki są równoległe). Rowki przytrzymują obrót surowca podczas obracania śruby. Krok

Obroty ślimaka są redukowane w miarę jak surowiec przesuwa się w kierunku rusztu odbiorczego, surowiec jest zagęszczany, puste przestrzenie znikają, surowiec pasuje do rusztu odbiorczego w postaci stałej sprasowanej masy, co zapewnia pracę łopatek przy pełnym obciążeniu.

Pod naciskiem zwojów śrubowych, surowce są przeciskane przez otwory w rurach tnących i rozdrabniających i rozdrabniane nożem. Proces przepychania surowca przez matrycę, w tym przypadku siatkę, nazywany jest wytłaczaniem. Wytłaczanie - greckie słowo na ściskanie.

Cięcie w maszynie do mielenia mięsa odbywa się według schematu nożycowego, gdy ostrza ruchomego noża i stałego rusztu mają ostry lub prosty kąt.

Za pomocą dwóch noży i dwóch rusztów za pierwszym rusztem surowce są grubo siekane, a za drugim rusztem bardziej drobno siekane. Zastosowanie dwóch noży i dwóch rusztów rozdrabniających zwiększa wydajność procesu, co jest szczególnie ważne w przypadku drobnego rozdrabniania, ponieważ drobne rozdrabnianie jest bardziej czasochłonne. Zwiększoną wydajność pracy uzyskuje się poprzez zwiększenie całkowitej długości krawędzi tnącej ostrzy. Zastosowanie obwodu z podwójnym ostrzem wymaga zwiększonej mocy napędowej.

Zalecamy stosowanie narzędzi tnących w następującej kolejności:

Do zgrubnego szlifowania małych ilości:

- kratę recepcyjną,

- nóż,

- ruszt do rozdrabniania z otworami o średnicy 6 lub 8 lub 10 mm.

Do zgrubnego szlifowania dużych ilości:

- kratę recepcyjną,

- nóż,

- ruszt do rozdrabniania z otworami o średnicy 10 lub 14 mm

- nóż,

- ruszt do rozdrabniania z otworami o średnicy 6 lub 8 mm

Do precyzyjnego szlifowania małych ilości:

- kratę recepcyjną,

- nóż,

- ruszt do rozdrabniania z otworami o średnicy 2 lub 3 lub 5 mm.

Do precyzyjnego szlifowania dużych ilości:

- kratę recepcyjną,

- nóż,

- ruszt rozdrabniający o średnicy otworu 8 lub 12 mm.

- nóż,

- ruszt do rozdrabniania z otworami o średnicy 2 lub 3 lub 5 mm.

Jeśli potrzebne jest drobniejsze rozdrobnienie, mięso mielone może być ponownie rozdrobnione. W tym celu można zainstalować kratkę wyjściową o średnicy otworu 2 lub 3 mm.

2.3. KORPUS ŚRUBY

Osłonka ślimaka jest częścią odpowiedzialną, od której konstrukcji zależy jakość mielonego surowca (wzrost temperatury podczas transportu i mielenia, wyciskanie soku z surowca, mielenie, struktura mielonego mięsa) oraz wydajność. W obudowie ślimaka ślimak z nożami obraca się, a ruszty odbierające i rozdrabniające są zamocowane. Noże i kraty są dociskane do centralnej nakrętki korpusu śruby.

Rys. 2.5. Schemat konstrukcyjny parametrów konstrukcyjnych obudowy dla śruby

Rysunek 2.5 przedstawia schemat konstrukcyjny parametrów konstrukcyjnych obudowy dla śruby. Charakterystyczna jest konstrukcja obudowy ślimaka: średnica wewnętrzna, chropowatość powierzchni wewnętrznej płaszcza, długość płaszcza, skok rowka średnicy wewnętrznej, liczba rowków, kierunek cięcia śrub (prawy, lewy, prosty), głębokość i szerokość rowków, materiał płaszcza śruby (stop aluminium, stal, żeliwo, polimer), sposób wykonania (odlewanie, spawanie złożone), sposób mocowania kraty w obudowie (klucz mocowany na wewnętrznej średnicy obudowy lub rowek w obudowie, który obejmuje występ kraty), kształt obudowy (cylinder lub stożek), obecność chłodzenia lub płaszcza grzewczego przy rozdrabnianiu surowców tłuszczowych.

Rys. 2.6. Obudowa na śrubę młyna do mięsa 8MM.

Cechą charakterystyczną tego przypadku jest to, że dla celów bardziej jakościowej obróbki sanitarnej, rowki cięcia śrubowego obudowy nie mają kątów prostych, co zapewnia wymóg GOST 28532 (płaszczyzny zbiegające się w narożniku przestrzennym strefy produktu, powinny być zaokrąglone promieniem [16]. Korpus śruby jest wykonany ze stali 20Х13Л z GOST 997-88 metodą odlewania na modelach wytopionych. W celu przetworzenia odlewu i zmniejszenia jego ciężaru, cylindryczna część korpusu wykonana jest z trzebieżowych ścianek w miejscach, gdzie nie ma rowków. Powierzchnie nie mające kontaktu z surowcami nie zostały poddane obróbce.

Po odlewaniu korpusu śruby, jest on śrutowany kulkami szklanymi, które czyszczą powierzchnię i nadają jej wygląd handlowy. Jeśli piaskowanie odbywa się za pomocą zwykłych stalowych kulek lub piasku, śrut stalowy lub piasek jest wprowadzany do metalu i tworzy szarawy, nieatrakcyjny wygląd. Stalowy śrut jest wprowadzany do powierzchni nierdzewnej przez najdrobniejsze cząsteczki i po pewnym czasie utlenia się, tworząc wygląd zardzewiałego ciała.

Precyzyjne ustawienie wewnętrznej powierzchni cylindra obudowy i otworów na trzpień i kratki ma duże znaczenie. W przypadku odchylenia od osiowania, śruba może wejść w kontakt ze ścianami obudowy, co doprowadzi do zużycia i opiłków metalowych w surowcu.

W procesie pracy, siła docisku noży do siatki wykonywana jest za pomocą nakrętki dociskowej przedstawionej na rysunku 2.7.

Rysunek 2.7. Nakrętka zaciskowa.

W celu ułatwienia demontażu korpusu śruby z łóżka podczas sanityzacji, korpus śruby jest wyposażony w łącznik bagnetowy. Aby zdjąć obudowę, wystarczy poluzować śruby mocujące i obrócić obudowę w rowkach, aż kapturki śrub wyjdą z otworu.

2.4.. ŚRUBA SZLIFIERKI DO MIĘSA

Sercem konstrukcji śrub są powierzchnie śrub, które transportują surowce wzdłuż korpusu śruby do mechanizmu szlifierskiego. Powierzchnia nazywana jest spiralą, jeśli jest tworzona przez połączenie dwóch ruchów linii formującej - obrotowego i postępowego wzdłuż osi.

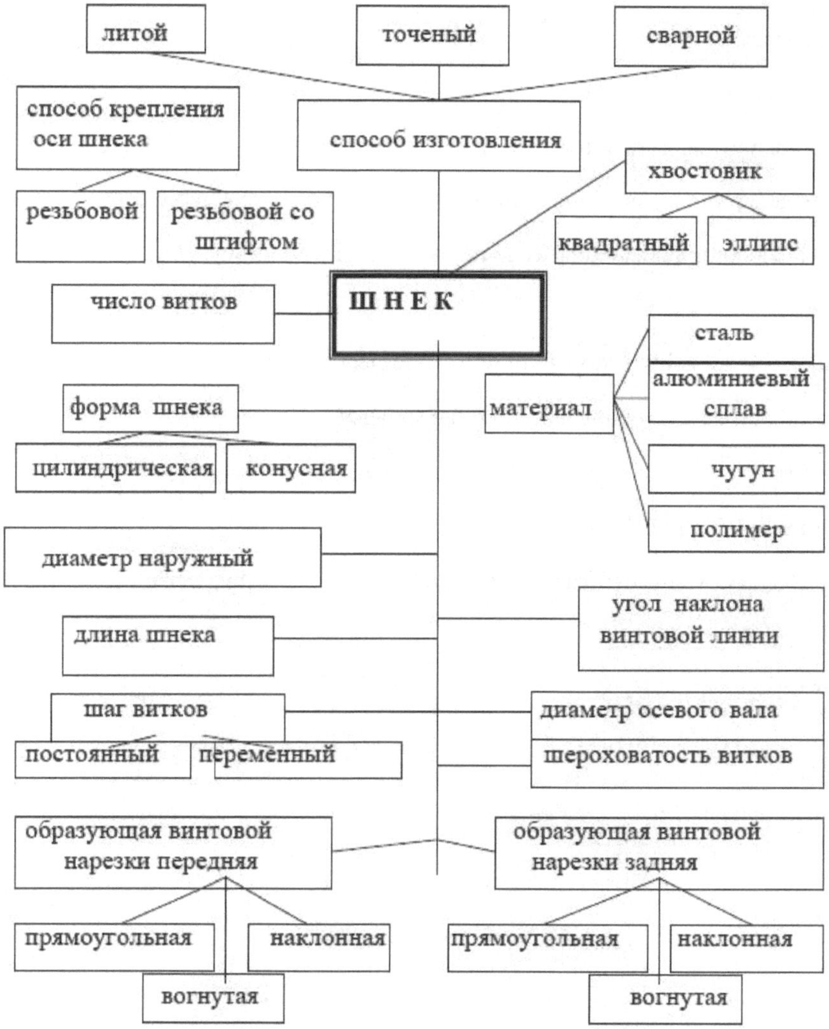

Rys. 2.8. Schemat konstrukcyjny parametrów konstrukcyjnych śruby

Na rysunku 2.8 przedstawiono schemat konstrukcyjny parametrów konstrukcyjnych ślimaka rozdrabniacza mięsa. Konstrukcja ślimaka jest scharakteryzowana:

- średnica zewnętrzna,

- średnica wału osiowego,

- Kształt śruby (cylindryczny lub stożkowy),

- krok spiralny (stały, zmienny),

- liczbę zwojów,

- tworzące wycięcie na śrubę, przednią (prostokątną, pochyloną, wklęsłą),

- tworzące wycięcie na śrubę, tylne (prostokątne, pochylone, wklęsłe),

- typ noża do montażu ogonowego na osi śruby (kwadratowy, elipsa),

- długość ślimaka,

-Materiał (stal, żeliwo, stop aluminium, polimer),

- metoda produkcji (odlewana, ostrzona, spawana),

- Chropowatość powierzchni roboczej zwojów śrubowych,

- kąt nachylenia linii śrubowej,

- sposób mocowania osi śruby (wypełnienie materiału śruby, wciśnięcie),

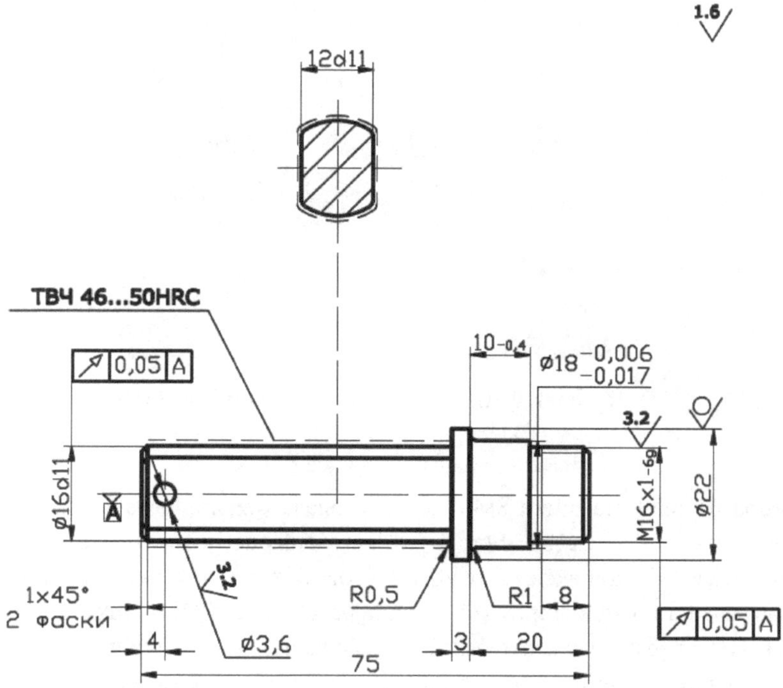

Rys. 2.9. Pieprzony palec.

Trzpień jest montowany na końcu śruby i jest wkładany do wału napędowego w celu przeniesienia ruchu obrotowego. Korpus śruby i palec (rysunek 2.9) są wykonane oddzielnie i połączone z opcją demontażu. Wynika to z faktu, że śruba jest praktycznie niezużywająca się i może pracować przez wiele lat bez naprawy, a sworzeń śrubowy, na którym zamontowane są noże, jest poddawany znacznym obciążeniom i ma krótki okres użytkowania. Dlatego podczas naprawy wymieniany jest tylko palec.

Rysunek 2.10. Śruba rozdrabniacza mięsa 8MM.

Śruba do mielenia mięsa 8MM jest wykonana przez odlewanie na roztopione modele ze stali 30X13L. Stal ta jest zatwierdzona przez władze sanitarne do stosowania w kontakcie z mediami spożywczymi, nie podlega korozji i w porównaniu do stali stopowych zawierających znaczną ilość niklu i tytanu (np. X18H10T) jest znacznie tańsza. Po odlewaniu, wykrój śruby jest toczenie i frezowanie otworów osadzenia na maszynie sterowanej programowo. Płaszczyzny cewek i centralnego wału nie są obrabiane.

Ta konstrukcja ślimaka jest typowa dla każdej ślimaka rozdrabniacza mięsa, w której tylko wymiary geometryczne mogą się różnić w zależności od wydajności. Ślimak do mielenia mięsa może być wykonany nie tylko przez odlewanie, ale również przez obróbkę mechaniczną. Ślimak o zmiennym skoku jest odlewany, a następnie szlifowany na maszynach sterowanych programowo. Ślimak o stałym skoku może być wykonany na prostej tokarce. Obróbka ślimaka bez odlewania detalu jest bardzo czasochłonna i wykorzystywana jest tylko do produkcji pojedynczej lub małoseryjnej, do produkcji seryjnej i wielkoseryjnej ślimak produkowany jest przez odlewanie. Niektóre projekty wilków wykorzystują świdry wykonane z wyjątkowo mocnych kompozycji polimerowych. W pracy stosowane są śruby spawane wykonane przez spawanie z tarcz tłoczonych. Śruby te nie mają wyglądu handlowego z powodu szwów spawanych i są słabo myte. Nie nadają się do produkcji masowej ze względu na ich wysoką pracochłonność.

Śruba, niezależnie od materiału i metody produkcji, powinna zapewniać delikatne przesuwanie surowców do mechanizmu mielącego, tzn. nie mielić surowców, nie wyciskać soku nie podgrzewać go. Podczas projektowania śruby, łańcuch wymiarowy i tolerancje muszą zapewniać gwarantowaną szczelinę pomiędzy podciętą kratą a końcówką śruby. Podczas pracy ślimak nie może stykać się z kratą tnącą z przodu. Eliminuje to tarcie śruby o kratę podciętą, eliminuje zaciskanie śruby przy dokręcaniu nakrętki centralnej.

Liczba obrotów śrub wpływa na tryb pracy. Przy małej liczbie zwojów (dwa lub trzy) przepływ powrotny surowców jest znaczny, ciśnienie w korpusie śruby nie jest wysokie. W przypadku czterech do pięciu zwojów, przeciwprąd maleje, wzrasta ciśnienie i wydajność. Przy większej ilości uzwojeń, wydajność jest stabilizowana, ale koszty energii i nadpisywanie surowców są zwiększone.

Gwint śruby nie może stykać się ze ścianami korpusu śruby. Osiąga się to poprzez precyzyjne wykonanie ślimaka i otworów w łożyskach. Aby uniknąć zużycia śruby i obudowy śruby, pomiędzy zewnętrzną średnicą śruby a wewnętrzną powierzchnią obudowy śruby powinna być szczelina nie większa niż 0,5 mm. Jeśli szczelina na ścianach obudowy jest większa, tworzy się strefa akumulacji surowców, zwiększa się przeciwprąd.

Najlepsze warunki pracy ślimaka zapewnia polerowanie obrotów ślimaka, prostokątne cięcie ślimaka, co zmniejsza tarcie surowca na obrotach i ogranicza przewracanie się surowca w korpusie. Pomimo znacznej liczby badań uzasadniających parametry śrub do rozbioru mięsa, do tej pory nie ma jednego rozwiązania w zakresie profilowania śrub do rozbioru.

Znane są konstrukcje śrubowe o liniach śrubowych z kątami od 60° do 90°. W niektórych konstrukcjach linia śrub formujących jest w kształcie sierpa. Literatura patentowa opisuje śrubę składającą się z dwóch stref - strefy odbioru surowca (profil formujący - sierpowy dla chwytaka) oraz strefy transportu z prostokątnym nacięciem na śrubę.

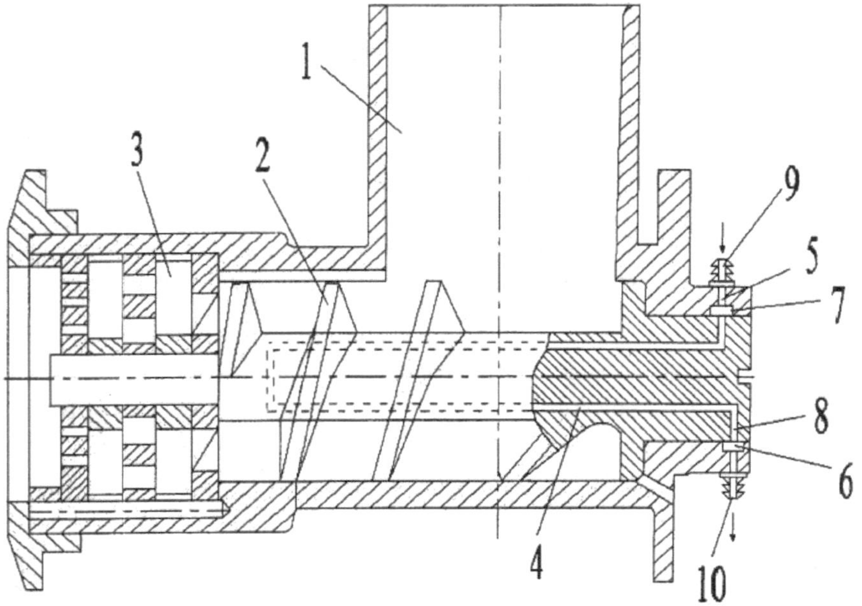

Rys. 2.11. Śruba do mielenia mięsa z kanałami chłodzącymi.

Na rysunku 2.11. pokazano śrubę rozdrabniacza mięsa z kanałami chłodzącymi, gdzie 1 - obudowa śruby, 2 - śruba, 3 - narzędzie tnące, 4 - kanały dla przepływu chłodziwa, 5 - otwór wlotowy chłodziwa w obudowie śruby, 6 - przepływ pierścieniowy dla wlotu cieczy, 7 - przepływ pierścieniowy dla wlotu cieczy, 8 - otwór wylotowy chłodziwa na końcu śruby.Wtyczka 9 służy do podawania płynu chłodzącego, rura 10 służy do spuszczania płynu chłodzącego. Ciecz chłodząca (może to być roztwór soli o temperaturze ujemnej) przepływa przez kanały ślimaka, chłodząc go i poruszające się surowce.

2.5. KRATY PODCIĘTE

Kratownica podcięta (czasami nazywana nożem stałym) to tarcza z promieniście ułożonymi lub sierpowato ułożonymi ostrzami. Ruszt tnący (rys. 2.12) montowany jest w obudowie ślimaka najpierw w kierunku ruchu surowca i służy do cięcia i cięcia wstępnego. Kratę zakłada się za pomocą centralnego otworu w trzpieniu śrubowym i zabezpiecza przed obrotem za pomocą klucza wciśniętego w obudowę śruby. Dwustronny nóż jest mocno dociskany do podciętej kraty, ostrza kraty i nóż tworzą parę tnącą jak nożyczki. W maszynach do mielenia mięsa stosuje się jednostronne lub dwustronne podcięte siatki. W przypadku montażu kraty jednostronnej, musi ona być skierowana do punktu ostrza w kierunku śruby, aby zapewnić cięcie.

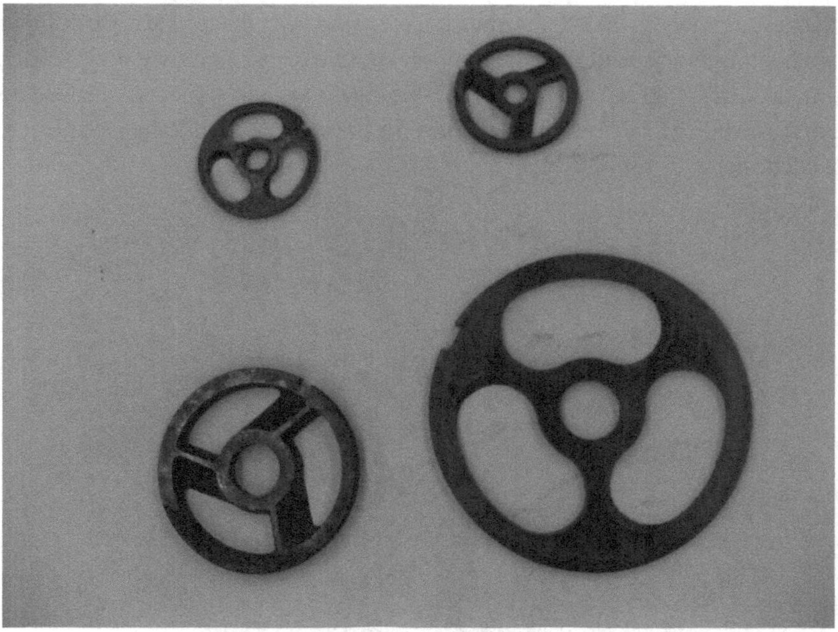

Rys. 2.12. Ruszty podcinające.

Kratka dwustronna może być montowana po obu stronach, ponieważ gdy kratka jest zamontowana po obu stronach, ostrze zawsze będzie skierowane w stronę cięcia.

Twardość materiału kraty odbiorczej po obróbce cieplnej powinna wynosić 58-64 HRC, aby łopatka, której twardość wynosi 48-56 HRC, nie wgnieść się w kratę. Nawet przy niewielkim nacięciu w ostrzu, nóż pęka. Prawdopodobieństwo przecięcia ostrza kraty tnącej w nożu jest mało prawdopodobne, ponieważ koniec ostrza kraty nie jest zdeformowany, jest on przymocowany do zewnętrznej krawędzi. Ruszt tnący, podobnie jak noże, poddawany jest regularnemu szlifowaniu przez szlifowanie płaskie. Najbardziej efektywna jest ruszt podcięty z ostrzem zaostrzonym pod kątem 30 - 45° i o największej powierzchni przekroju poprzecznego. Ruszty podcięte wykonane są z st. 45, U8A, U10A, 98X18, ØÕ15, 40X13.

2.6. KRATY ROZDRABNIAJĄCE

Tarcze do mielenia mięsa pokazane na rysunku 2.13 to tarcze z otworami, z reguły okrągłe, ułożone w spirali (archimedesowej, logarytmicznej, hiperbolicznej), w porządku szachowym, na kole, wzdłuż konturu kwadratu lub trójkąta. Do odbioru różnych konfiguracji rozdrobnionego produktu (wtrącenia figurowe w wyrobach wędliniarskich, sałatkach warzywnych i mięsnych) stosuje się jednocześnie dwa ruszty z równoległymi rowkami, a ruszty są przesuwane pod kątem względem względem siebie (rysunek 2.15.).

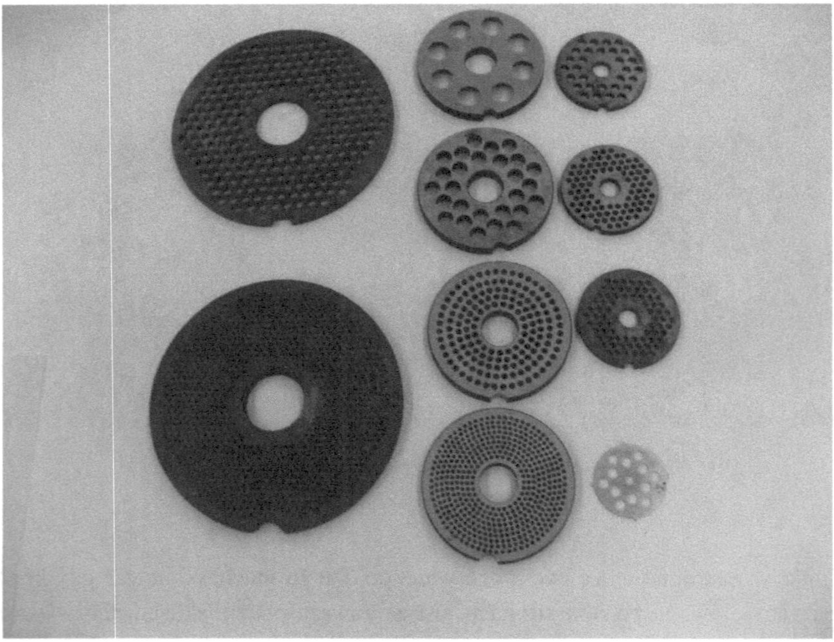

Rys. 2.13. Ruszty rozdrabniające.

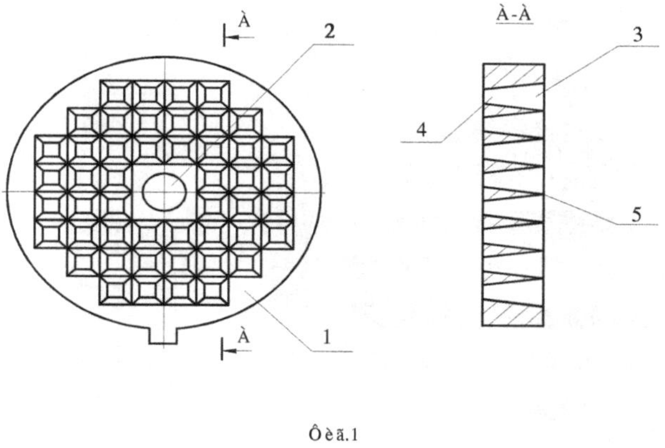

Rys. 2.14. Kratownica rozdrabniająca z kwadratowymi otworami i kluczem zewnętrznym

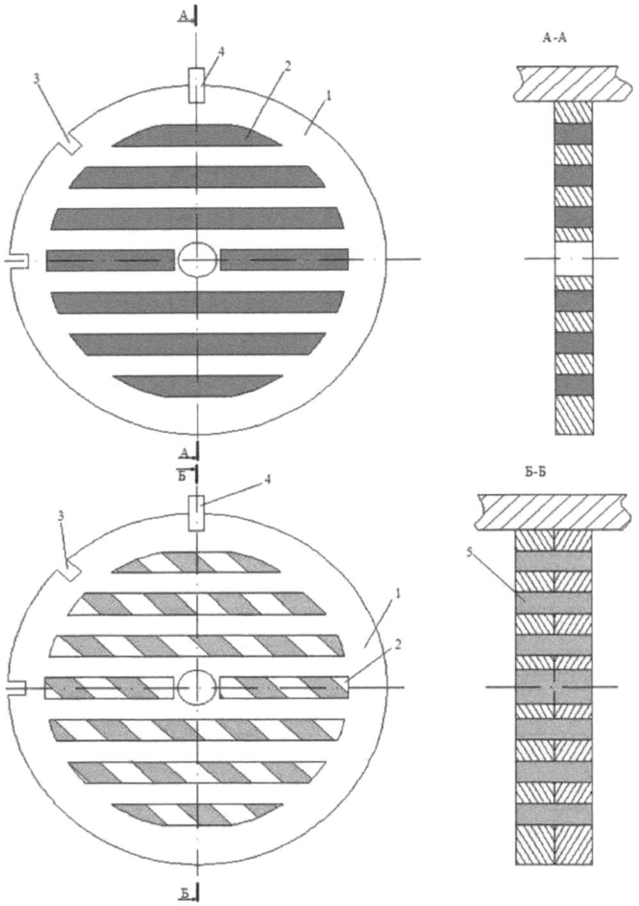

Rys.2.15. Kraty rozdrabniające z równoległymi rowkami.

Szlifierki z rowkami równoległymi (rys. 2.15) stosowane są do produkcji uformowanych części surowców mięsnych i warzywnych w produkcji wyrobów wędliniarskich i warzyw, sałatek.].

W zależności od sposobu mocowania kratek w korpusie śruby istnieją dwa rodzaje kratek: z wpustem na środku kratki (rys. 2.13) i z wpustem zewnętrznym (rys. 2.15). Zewnętrzny klucz kratki jest zamocowany w rowku obudowy wkrętu. Druga opcja jest preferowana, ponieważ pozwala na wykonanie dodatkowego rzędu otworów na rusztie, co zwiększa użyteczną powierzchnię przekroju i pozwala na zwiększenie długości ostrzy przy zachowaniu wielkości korpusu śruby. Kraty nie wymagają rowka wpustowego na obudowie śruby, lecz rowka w obudowie śruby.

Kraty rozdrabniające są wykonane zgodnie z GOST 28533-90 "Narzędzia tnące wilków. Rodzaje, podstawowe wymiary i wymagania techniczne".

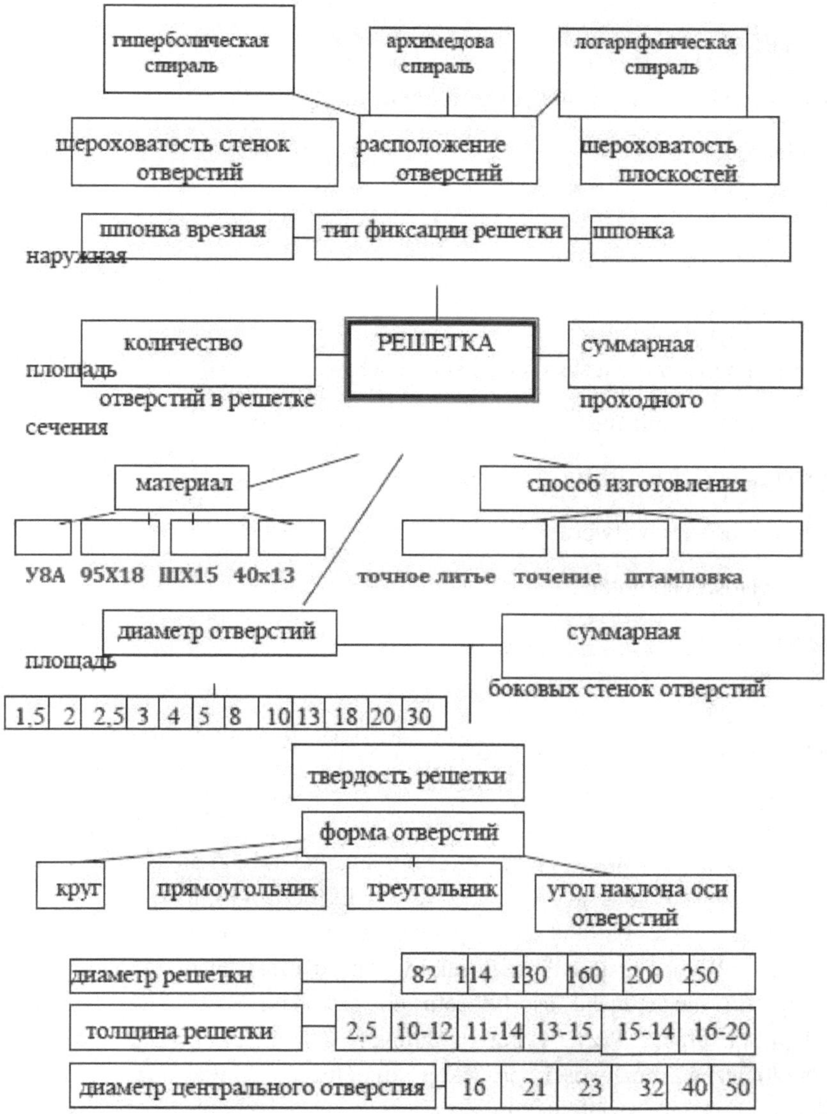

Rys. 2.16 Schemat konstrukcyjny parametrów konstrukcyjnych rusztu.

Na rysunku 2.16. przedstawiono schemat konstrukcyjny parametrów projektowych rusztu. Parametry te decydują o wydajności kutrów mięsnych, jakości i stopniu rozdrobnienia, żywotności narzędzi tnących, pracochłonności produkcji.

Charakterystyczna jest konstrukcja kraty rozdrabniającej:

materiał,

współczynnik wykorzystania powierzchni użytkowej,

średnica kraty,

grubość siatki,

średnica otworu centralnego,

twardość kraty,

całkowita powierzchnia ścian bocznych otworów,

metoda wytwarzania (odlewanie, wytłaczanie, toczenie),

sposób zamocowania kraty w obudowie,

chropowatość ścian otworu,

chropowatość samolotów,

wzór otworu,

liczbę otworów,

średnica otworu,

kształt otworów.

Kraty produkowane są z otworami o średnicy od 1,5 do 30 mm. Kratki są wykonane ze stali 45, U8A, U10A, 98X18, ШX15, 40X13. Inne materiały mogą być również użyte w projekcie po przetestowaniu i zatwierdzeniu przez władze sanitarne. Wybór materiału uzależniony jest od uzasadnienia ekonomicznego, dostępności niezbędnego asortymentu od produkcji spełniającej wymagania wydajności pracy. Przy wyborze gatunku stali należy wziąć pod uwagę technologiczne możliwości produkcji (możliwość hartowania, szlifowania, wiercenia). Należy wziąć pod uwagę zaawansowane technologie obróbki metali, takie jak polerowanie podwodne, automatyzacja wierceń, odlewanie precyzyjne itp.

Średnica rusztu i średnica otworów w ruszcie decydują o wydajności maszyny do mielenia mięsa. Wraz ze wzrostem średnicy kraty zwiększa się wydajność pracy. Na przykład w rozdrabniarkach do mięsa o średnicy kraty 82 mm. maksymalna wydajność wynosi 350 kg/h, a w rozdrabniarkach do mięsa o średnicy kraty 114 mm. - 1,100 kg/h. Wraz ze zmniejszaniem się średnicy otworów kratowych zmniejsza się wydajność. Na przykład u wilka z kratkami o średnicy 114 mm i otworami 12 mm wydajność wynosi 1100 kg/godz., natomiast u wilka z otworami 3 mm wydajność wynosi -700 kg/godz.

Sprawność kraty jest szacowana przez współczynnik η wykorzystania powierzchni użytkowej kraty. Współczynnik ten zależy od średnicy kraty D, średnicy otworu d, ilości otworów K

"r

η = ------------, gdzie

"o

"r" - obszar sieci,

To jest całkowita powierzchnia otworów,

πD2

"p =

4

πD2 do

"o =

4

Wydajność rusztu rozdrabniającego zależy od powierzchni przekroju użytkowego. Powierzchnia przekroju użytecznego zależy od średnicy kraty, ilości i średnicy otworów. Liczba otworów zależy od ich średnicy, rozmieszczenia otworów i grubości ścianek pomiędzy otworami. Dla każdej średnicy kratki i dla każdej kratki z inną średnicą otworu, położenie i liczba otworów są różne. Nowoczesne wyposażenie i narzędzia umożliwiają wykonanie ścianek pomiędzy otworami o grubości do 0,1 mm.

Twardość siatki po obróbce cieplnej 58 - 64 HRC. Twardość kraty musi być wyższa niż twardość ostrza, w tym stanie ostrze nie będzie w stanie przeciąć kraty, nawet jeśli jest ona nieco płaska w stosunku do kraty. W praktyce czasami znajdują się ruszty do obróbki cieplnej, które nie spełniają wymogów twardości.

W tych przypadkach, z niewielkimi zniekształceniami, ostrze noża tnie się w metalu kraty i nóż zostaje zniszczony.

Lokalizacja otworów i kształt ostrzy noża mają wpływ na wydajność rozdrabniania, jakość rozdrabniania i zużycie energii. Położenie otworów na powierzchni roboczej kratek wpływa na współczynnik η. Przy rozmieszczeniu otworów na placu η = 0,28 - 0,3, na trójkącie η = 0,34 - 0,36.

Ostrza noża mogą mieć również różne profile. Do tej pory nie ma jednego rozwiązania w zakresie profilowania złączy ostrzy noża i rozmieszczenia otworów w siatce rozdrabniającej. Różne profile łopatek mają różne długości i dlatego łopatki te mają różny kontakt z surowcami wychodzącymi z otworów kratowych.

W niektórych zagranicznych wrzecionach (firma Seidelmann, Niemcy) stosowane są kraty z otworami nawierconymi pod ostrym kątem do jego płaszczyzny. Teoretycznie uzasadnione jest wiercenie otworów pod kątem, tworząc krawędź tnącą kraty o ostrym kącie. Zmniejsza to siłę cięcia, a w konsekwencji zmniejsza zużycie energii i zwiększa wydajność. Wiercenie otworów pod kątem lub na stożku nie jest powszechnie stosowane ze względu na złożoność wykonania.

Duże znaczenie w rozdrabnianiu krat pomostowych ma czystość (chropowatość) powierzchni, zarówno płaszczyzn krat, jak i ścian bocznych otworów. Wysoka czystość płaszczyzn kraty zapewnia dobre dopasowanie ostrzy, redukując tarcie i nagrzewanie się zarówno narzędzi tnących, jak i w rezultacie surowców, które mają być szlifowane. Ściany otworów powinny mieć chropowatość nie większą niż Ra 0,8 μm. Trudno jest jednak uzyskać taką czystość przez wiercenie, a wdrożenie lub przeciąganie jest bardzo pracochłonne. Polerowanie podwodne (elektropolerowanie) rozwiązuje ten problem. Aby uniknąć zaokrąglania ostrych krawędzi, otwory muszą być wypolerowane pod wodą, zanim zostaną oszlifowane w samolotach.

Płaskie powierzchnie rusztów powinny być również poddane obróbce o czystości max. Ra 0,8 μm. Zabieg ten zmniejsza tarcie w miarę obracania się noża i zmniejsza wzrost temperatury, co jest bardzo ważne dla jakości rozdrabnianego surowca.

Kraty rozdrabniające produkowane są przez toczenie, tłoczenie i odlewanie. Precyzyjne kraty są bardzo pracochłonne. Kraty stemplowane mają zazwyczaj niską grubość, wytrzymują niewielką liczbę rozdrobnień i są zdeformowane podczas mielenia surowego mięsa. Rury odlewane są mniej czasochłonne. Do siatek odlewniczych odlewanych ślepo (tarcza) z otworami z naddatkiem na wiercenie otworów, szlifowanie na płaszczyznach i szlifowanie średnicy.

2.7. NOŻE DO ROZDRABNIANIA MIĘSA

Noże szlifierek do mięsa (wilków), jak również ruszty szlifierskie, wykonywane są zgodnie z normą GOST 28533-90 "Wilki narzędzia tnące". Rodzaje, podstawowe wymiary i wymagania techniczne". Ten GOST nie definiuje konstrukcji noży, a jedynie reguluje podstawowe wymiary i wymagania techniczne.

Proces szlifowania obejmuje dwie krawędzie noża jednocześnie - wejściową i wyjściową. Na wylocie rusztów rozdrobnione surowce przeciskane przez niego mają kształt cylindrów. Ostrze ostrza przenika przez te butle i powoduje nacisk na powierzchnię złącza, deformuje i niszczy włókna. Efektywność energetyczna procesu mielenia mięsa i jakość produktów zależy w dużej mierze od parametrów noża.

Na rysunku 2.17 przedstawiono schemat strukturalny parametrów konstrukcyjnych noży do rozdrabniaczy mięsa.

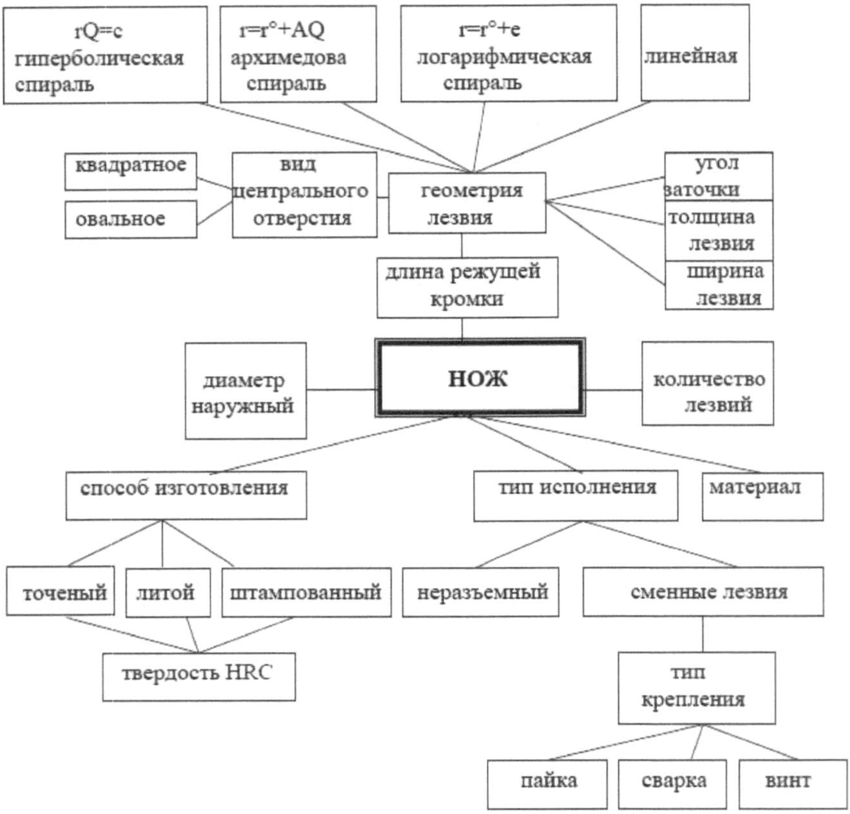

Rys. 2.17. Schemat konstrukcyjny parametrów konstrukcyjnych noży.

Rysunek 2.17 przedstawia noże z czterema ostrzami Nóż znajduje się na osi śruby, a otwór osadzenia noża jest płaski,

Rys. 2.18. Noże z czterema ostrzami.

zapobiegając obracaniu się noża wokół osi. Nóż obraca się z osią i ostrzami dociśniętymi do kratek, odcinając surowce wyciskane z otworów kratki. Ostrza noża mogą być proste i zakrzywione. Centralny otwór w nożach w różnych modelach może być kwadratowy lub owalny z płaszczyznami. Producenci często produkują noże i ruszty z otworami do osadzania, które są specyficzne dla tej firmy, tak że konkurencyjne firmy nie dostarczają części zamiennych do tych wilków. Noże i ruszty są ponownie ostrzone po 20-30 godzinach pracy, a jednocześnie stają się coraz cieńsze i cieńsze. Dlatego musimy zamawiać zestawy naprawcze wielokrotnie w ciągu roku. Kąty ostrzenia są różne w różnych modelach. Waha się on od 90° do 30°. Kąt ostrzenia 90° jest najbardziej niekorzystnym kątem dla cięcia, nie zapewnia wysokiej wydajności, powoduje duże zużycie energii, ale jest najłatwiejszy do wykonania i ma wysoką odporność oraz długi czas pomiędzy kolejnymi ostrzeniami. Kąt ostrzenia 30° zapewnia lepsze warunki cięcia, niższe koszty energii, ale podlega szybkiemu stępieniu i zniszczeniu w przypadku twardych części rozdrobnionego materiału.

Szerokość ostrza jest ważna dla wysokiej wydajności, ponieważ ostrza są dociskane do kraty i blokują otwory. Długość krawędzi tnącej ostrza zależy od średnicy kraty i kształtu ostrza.

Noże dzieli się na odlewane, ostrzone i wytłaczane zgodnie z metodą produkcji. Noże odlewane są wykonywane w dużych partiach, mają dobrą wytrzymałość i małą pracochłonność. Noże precyzyjne są dostępne tylko w małych partiach i są bardzo pracochłonne. Noże tłoczone mają małą pracochłonność, ale wymagają produkcji drogich matryc, a ich grubość jest ograniczona przez możliwości wykrawania.

Noże mogą być pełne lub złożone. W pierwszym przypadku są one wykonane w całości ze stali nierdzewnej, a ponieważ są ponownie naostrzone do niedopuszczalnego rozmiaru, są zastępowane przez nowe. Nóż z wymiennymi ostrzami posiada korpus, do którego przymocowane są na różne sposoby wymienne ostrza wykonane z wyjątkowo trwałych materiałów (stali narzędziowych, materiałów ceramicznych).

Twardość ostrza noża po obróbce cieplnej powinna wynosić od 48 do 56 NRC.

W najnowszych rozwiązaniach zastosowano specjalnie ukształtowany nóż z zakrzywionym ostrzem, pokazany na rysunku 2.19, oraz nóż z otworami w ostrzach, pokazany na rysunku 2.20.

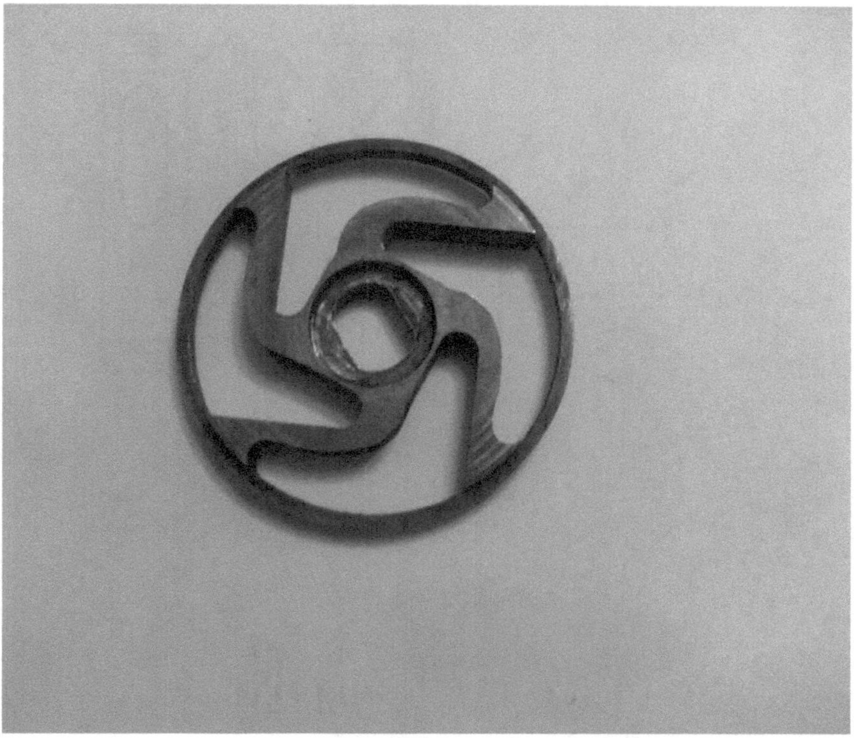

Rys. 2.19. Zakrzywione ostrze noża.

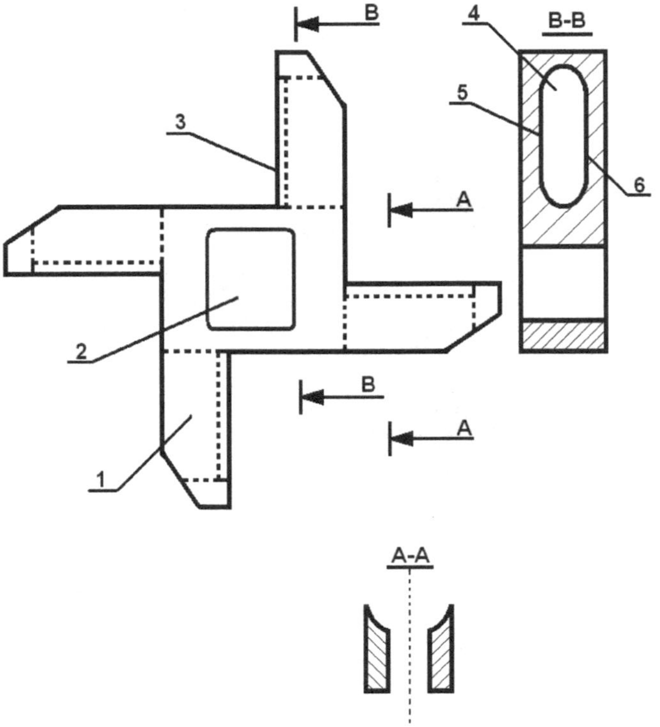

Rys.2.20. Łopatka z otworami w łopatce.

2.8. URZĄDZENIE DO NADZIEWANIA KIEŁBAS

W małych zakładach stosuje się specjalne urządzenie do napełniania osłonek w produkcji kiełbas o małej objętości. W przypadku rozdrabniaczy mięsa zamiast zestawu narzędzi tnących zainstalowane jest urządzenie pokazane na rysunku 2.21.

ı	10	11
d	∅24	∅16
L	125	110

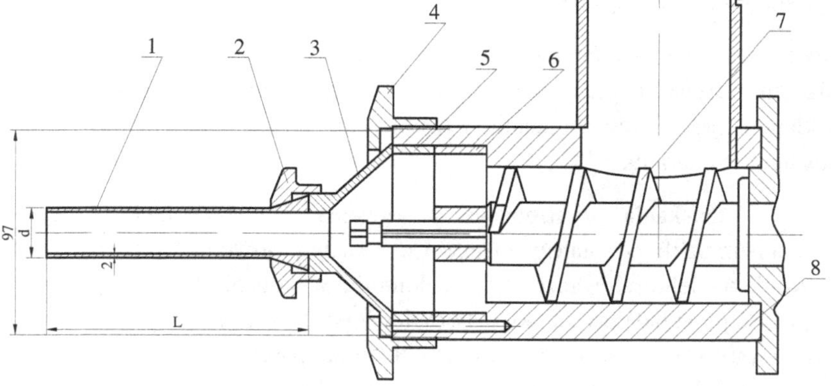

Rys. 2.21. Urządzenie do nadziewania kiełbasek.

Do nadziewania kiełbasek na rurce 1 położyć muszle. Rura z opaską zaciskową 2 jest przymocowana do lejka 3, który jest dociskany do korpusu śruby 8 za pomocą nakrętki centralnej 4. Do obudowy śrubowej wkłada się tuleję 6, która podtrzymuje ślimak 7. Lejek 3 jest dociskany do tulei 6 za pomocą pierścienia zaciskowego 5. Mięso kiełbasy ładuje się do tacy odbiorczej, która po włączeniu młyna ślimakowego podaje się do rury i przesuwając się napełnia kiełbasę skorupą. Do produkcji różnych wyrobów wędliniarskich (kiełbasy, kiełbasy o różnej średnicy) kompletny zestaw urządzenia zawiera rurki o różnej średnicy.

To wystarczająco proste urządzenie eliminuje konieczność stosowania maszyny do napełniania kiełbasek i może być używane również w domu.

2.9. NAPĘD SZLIFIERKI DO MIĘSA

W maszynach do mielenia mięsa (wilki) napęd charakteryzuje się mocą, rodzajem silnika, rodzajem przekładni, momentem obrotowym na wale śrubowym i jego prędkością kątową.

Napęd młynka do mięsa działa płynnie i równomiernie. Struktury napędowe kotletów mięsnych są bardzo zróżnicowane. Napęd może być napędzany przez różne koła zębate: motoreduktor, przekładnia, przekładnia ślimakowa, pasy klinowe lub płaskie (gładkie lub zębate) lub różne kombinacje tych typów przekładni. Silniki elektryczne o zmiennej prędkości obrotowej z przetwornicą częstotliwości są coraz bardziej popularne w nowoczesnych napędach. Niektóre modele rozdrabniaczy do mięsa mają oddzielny napęd noża i napęd ślimaka, w którym noże obracają się szybciej niż ślimak.

Obecność wielu wariantów napędów kutrów mięsnych spowodowana jest różnymi warunkami pracy, kosztami kompletacji wyrobów, wydajnością metalu, nakładem pracy przy produkcji, żywotnością, kosztami eksploatacji, wygodą obsługi, wymiarami.

W celu uzyskania wymaganego przełożenia z silnika elektrycznego na mechanizm szlifierski należy zastosować napędy pasowe i zębate. A ich wybór decyduje o wielkości, wadze i pracochłonności wykonania maszyny do mielenia mięsa. Na przykład przy silniku o mocy 1 kW potrzebne są 4 pasy typu O lub dwa pasy typu A przy zastosowaniu przekładni z pasem klinowym. Minimalna średnica rolki napędowej silnika elektrycznego dla pasa typu O musi wynosić co najmniej 62 mm, a dla pasa klinowego typu A co najmniej 92 mm. Przy przełożeniu 3, średnica koła zębatego w pierwszym przypadku wyniesie 186 mm, aby zmniejszyć prędkość z 1000 do 333 obr/min, a przy zastosowaniu taśmy A, średnica koła zębatego zostanie zwiększona do 276 mm. Druga opcja zwiększa rozmiar i wagę młyna do mięsa. Ten przykład pokazuje jedną z możliwych opcji zmniejszenia rozmiaru i wagi młyna do mielenia mięsa przy wyborze typów taśm. Te same przykłady mogą być brane pod uwagę przy wyborze różnych rodzajów kół zębatych, ślimakowych i innych przekładni w napędzie.

Istniejące napędy do rozbioru mięsa są reprezentowane przez następujące systemy ślimakowe:

1. Jeden ślimak roboczy jest ułożony poziomo.

2. Ślimaki robocze i transportowe są ułożone w jednej linii i obracają się z tą samą prędkością.

3. Ślimaki robocze i transportowe są ułożone w tej samej linii, a ich prędkości obrotowe są różne.

4. Ślimaki robocze i transportowe są ułożone równolegle, a ich prędkości obrotowe mogą być równe lub różne.

5. Ślimaki robocze i transportowe znajdują się zazwyczaj pod kątem $^{900°}$.

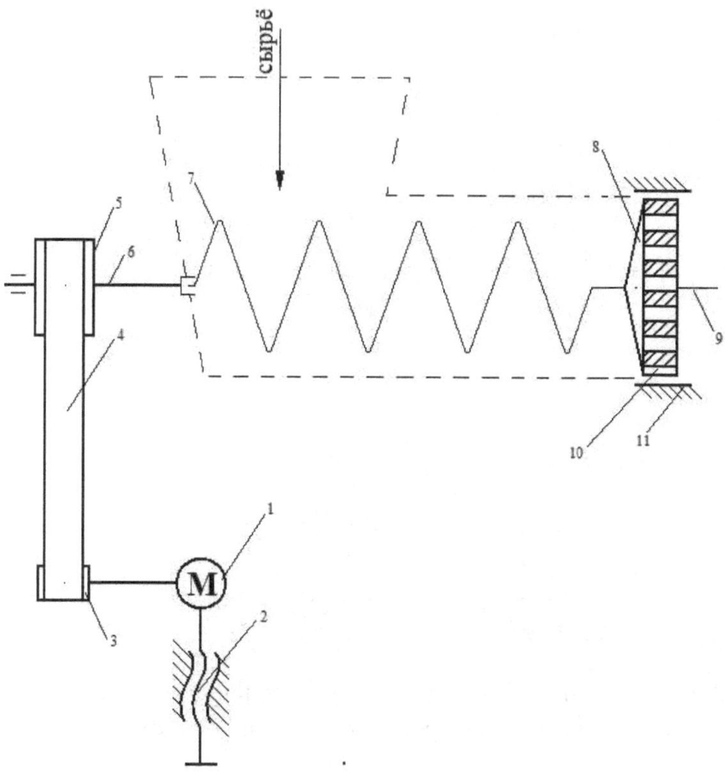

Rys. 2.22. Schemat kinematyczny napędu młyna do mięsa za pomocą jednej śruby umieszczonej poziomo.

Kinematyczny obwód napędowy młyna do mięsa z jedną śrubą umieszczoną poziomo (rys. 2.22) zawiera silnik elektryczny 1 zamontowany na płycie silnika 12. Obroty z koła pasowego 3 silnika elektrycznego są przenoszone przez pasek klinowy 4 na koło napędowe 5. Koło pasowe obraca wałek 6, w który wsuwa się trzpień poziomo ustawionej śruby rozdrabniającej 7. Nóż 8 jest zamocowany na końcu ślimaka. Sworzeń 9 śruby obraca się w środkowym otworze kraty 10, zamocowany w korpusie śruby 11. Śruba 12 i nakrętka 13 służą do napinania pasów klinowych.

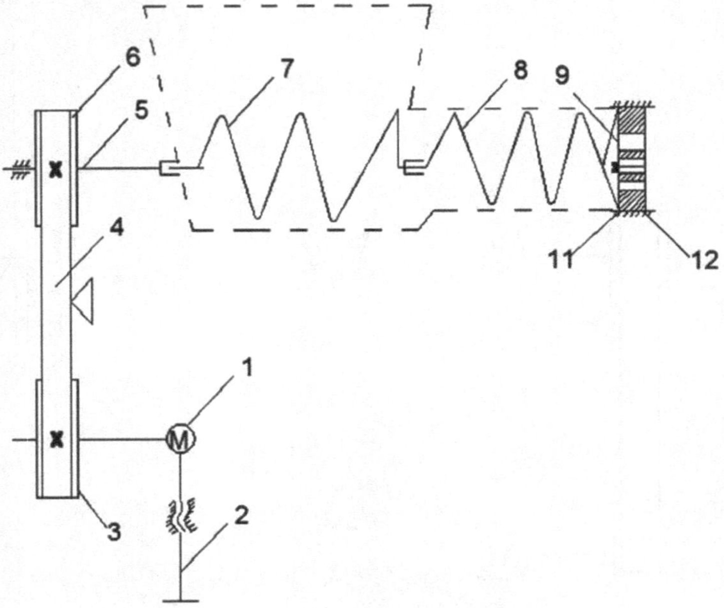

Rys.2.23. Kinematyczny schemat napędu młyna do mięsa ze śrubami roboczymi i transportowymi, umieszczonymi poziomo w linii i obracającymi się z taką samą prędkością.

Kinematyczny obwód napędowy rozdrabniacza mięsa ze ślimakami roboczymi i transportowymi, umieszczony poziomo w linii i obracający się z tą samą prędkością (Rys.2.23) zawiera silnik elektryczny 1, zamontowany na płycie silnikowej 2 i przekazuje ruch obrotowy z koła pasowego 3 V-pasowego 4 na koło pasowe 5. Koło pasowe obraca wałem 6, do którego wkłada się trzpień poziomo ustawionego ślimaka transportowego 7. Ślimak transportowy obraca ślimakiem rozdrabniającym 8. Oba ślimaki obracają się z tą samą prędkością.

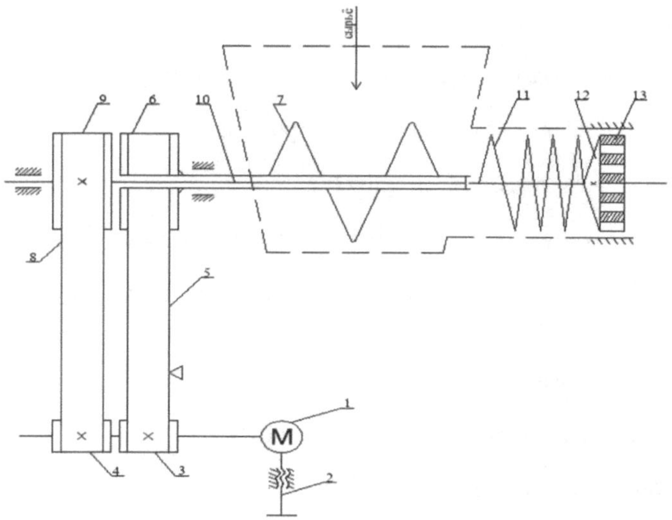

Кинематическая схема привода мясорубки с рабочим и транспортирующим шнеками расположены в линию и вращающимися с разными скоростями.

Rys. 2.24. Kinematyczny schemat napędu młyna do mięsa ze śrubami roboczymi i transportowymi umieszczonymi w linii i obracającymi się z różnymi prędkościami.

W obwodzie napędowym szlifierki do mięsa z przenośnikiem i ślimakami mielącymi, umieszczonymi w jednej linii i obracającymi się z różnymi prędkościami obrotowymi w stosunku do silnika elektrycznego 1, zamontowanego na płycie silnika 2, przenoszone są na koła pasowe 3 i 4. Koło pasowe 3 V 5 przenosi obrót na pas 6 V przymocowany do śruby posuwu 7. Koło pasowe 4 z pasem klinowym 8 przenosi ruch obrotowy koła pasowego 9. Wałek 10 znajduje się wewnątrz korpusu śruby 7 i przenosi ruch obrotowy na śrubę rozdrabniającą 11, na której końcu zamocowany jest nóż.

Pytania kontrolne

1. Jakie są parametry konstrukcyjne, które charakteryzują korpus śruby?

2. z jakich materiałów może być wykonany korpus śruby?

3. Jak można wyprodukować korpus śruby?

4. Dlaczego gwint śruby na średnicy wewnętrznej służy w obudowie śruby?

5. Dlaczego palec śrubowy jest zdejmowany w przemysłowych maszynach do mielenia mięsa?

6. Jak można produkować świdry?

7. Jakie parametry charakteryzują konstrukcję śruby?

8. Co to jest delikatny tryb szlifowania i do czego służy?

9. W jaki sposób szczelina pomiędzy śrubą a obudową śruby wpływa na wydajność?

10 . Po co jest ta kratka do krojenia?

11. z jakich materiałów wykonane są kraty rozdrabniające?

12. Dlaczego twardość rusztu rozdrabniacza powinna być wyższa niż twardość ostrza?

13. Nazwij parametry charakteryzujące nóż.

14. Nazwij parametry, które charakteryzują ruszt rozdrabniający.

15. W jaki sposób gęstość otworów w rusztie rozdrabniacza wpływa na przepustowość?

16. Nazwij twardość ostrza noża.

17. Do czego służą noże z wymiennymi ostrzami?

18. Czy kratka tnąca obraca się czy nie?

19. Co się dzieje, gdy środkowa nakrętka młyna do mięsa jest słabo dokręcona?

20. Dlaczego nie możesz włączyć błystki bez surowców?

21. Podać dopuszczalny równoważny poziom hałasu dla młyna do mięsa.

22. Należy podać dopuszczalny wzrost temperatury surowca podczas mielenia w maszynie do mielenia mięsa.

23. Co można osiągnąć dzięki zastosowaniu zmiennego stopnia śrubowego?

ROZDZIAŁ 3. TEORETYCZNE PODSTAWY OBLICZEŃ I KONSTRUKCJI MŁYNKÓW DO MIĘSA

3.1. CECHY CHARAKTERYSTYCZNE PROCESÓW WYTŁACZANIA I MIELENIA SUROWCÓW DO MŁYNA MIĘSNEGO

Mielenie surowców mięsnych jest procesem energochłonnym i nieodwracalnym. Mieleniu w maszynach do mielenia mięsa towarzyszy zmniejszenie wielkości części produktu, zwiększenie ich powierzchni, ściskanie, rozdrabnianie, ekstrakcja soku, mieszanie, tarcie kawałków o ścianę korpusu, tarcie kawałków o siebie, tarcie o powierzchnię ślimaka, tarcie części mechanizmu tnącego, wzrost temperatury.

Proces mielenia surowców w rozdrabniarkach do mięsa jest poprzedzony procesami transportu i wytłaczania. Procesy te określają wstępnie warunki szlifowania i jakość gotowego produktu.

Wytłaczanie (extrusio - wypychanie, wyciskanie) do rozdrabniaczy mięsa jest procesem wyciskania surowców mięsnych przez otwory w kratach rozdrabniających (matrycach) na powierzchniach, na których obracają się sąsiadujące z nimi ostrza noży. W maszynach do mielenia mięsa surowiec jest transportowany wzdłuż kanału korpusu ślimaka, zagęszczany, przepychany przez system tarcia i cięty nożami.

Wytłaczanie jest rodzajem procesu prasowania. Po naciśnięciu pod ciśnieniem zmieniają się właściwości produktu. Na proces zaciskania wpływa moduł zaciskowy, nacisk właściwy docisku, współczynnik tarcia o obrót śruby, współczynnik tarcia o korpus śruby, współczynnik tarcia o ścianki otworów kraty, powierzchnia powierzchni wewnętrznej korpusu śruby, powierzchnia powierzchni przekroju użytkowego śruby, powierzchnia przekroju użytkowego noży, powierzchnia przekroju użytkowego kraty, całkowita powierzchnia ścian bocznych otworów kraty.

Przy takim samym stopniu rozdrobnienia surowców, ale w różnych warunkach transportu, układ elementów mechanizmu tnącego, konstrukcja i materiał korpusu śruby, konstrukcje śrubowe, noże, ruszty, koszty energii mogą się wahać od 2,5 do 12 kWh/t, a opór cięcia waha się od 0,5 do 2,5 kg/cm. Wydajność i jakość gotowego produktu zależy od relacji pomiędzy mechanizmem wytłaczania a mechanizmem szlifowania.

Proces wytłaczania i mielenia we wrzecionach jest jednym ze skomplikowanych procesów mechanicznych technologii spożywczych, gdyż polega na przepływie niejednorodnych, wiskotycznych składników sanitarnych produktów spożywczych, któremu towarzyszą zmiany biochemiczne, fizyczne i strukturalne oraz zmiany w stanie układu reologicznego. Dobrze znane modele matematyczne procesu wytłaczania i mielenia produktów spożywczych oparte są na licznych założeniach, tylko w przybliżeniu opisują proces jakościowo i ilościowo, są trudne do zastosowania w rzeczywistych warunkach projektowania i eksploatacji kawałków mięsa i wymagają dalszego doskonalenia.

Różnica między jednostką mielącą w maszynie do mielenia mięsa a konwencjonalną wytłaczarką polega na tym, że w maszynie do mielenia mięsa zamiast głowicy formującej (matrycy) stosuje się wielostopniowy blok z siatkami, którego noże wpływają na działanie matrycy (siatki), ponieważ płaszczyzny ostrzy noży pokrywają się z otworami w matrycy i opóźniają stopniowy ruch produktu przez matrycę. Dodatkowo, procesowi przekłuwania towarzyszy cięcie ostrzy noża przetworzonego produktu.

Pomimo tego, że wiodące firmy osiągnęły wysoki poziom doskonałości w projektowaniu i produkcji technologii wytłaczania i szlifowania, naukowe wsparcie procesu wytłaczania i szlifowania nie jest wystarczające dla kompletnego projektu wilka. Duża zmienność parametrów węzła szlifowania wrzecion i brak zasadności ich zastosowania prowadzą do braku możliwości unifikacji, kolidują z obniżeniem kosztów wytwarzania i eksploatacji urządzeń.

W przypadku układu z pojedynczym lub podwójnym ostrzem (UNGER) stosuje się dwie krawędzie noża, jedną z przodu i jedną z tyłu. Pchając surowce przez kraty, przyjmują one postać cylindrów, ostrze noża, wskakując do tych cylindrów, powoduje nacisk na powierzchnię cięcia, deformuje i tnie włókna.

Konstrukcja strefy załadunku i transportu ma istotny wpływ na wydajność mielenia, ponieważ zapewnia ciągły dopływ surowców do noży, wpływa na zagłębienie surowców i nacisk surowców przed mieleniem. Surowiec wchodzi w zwoje śrubowe w postaci niezagęszczonej, z pustymi przestrzeniami ze względu na różny kształt, wielkość i orientację obciążonych elementów. Wyłowione kawałki mięsa są przenoszone na kraty pod naciskiem zwojów śrub. Wraz ze zmniejszaniem się skoku śruby, surowiec jest stale zagęszczany w miarę zbliżania się do rusztów. Obracanie się ślimaka wymusza oprócz ruchu postępowego również ruch obrotowy surowca. Jednak istniejące rowki w obudowie śruby uniemożliwiają ten obrót. Wiadomo, że każde ściśnięcie, skręcenie surowca mięsnego zmienia jego strukturę, prowadzi do wyciskania soku mięsnego, który pogarsza technologiczne i spożywcze właściwości produktu. Tylko delikatny tryb pracy zapewnia wysoką jakość produktów. Dlatego najlepszym sposobem transportu surowca na tym etapie jest najmniejsze załamanie i ciśnienie.

Nie powinno być gwałtownych spadków ciśnienia i skoncentrowanych sił działających na surowce po drodze, aby zapewnić delikatną obsługę.

3.2. ZALEŻNOŚĆ WYDAJNOŚCI MŁYNA MIĘSNEGO OD GŁÓWNYCH PARAMETRÓW.

Parametry wydajności i mocy rozdrabniaczy do mięsa zależą od mocy silnika, średnicy rusztów mielących, średnicy otworów w rurach, ilości otworów i geometrii ich położenia, grubości rusztów ostrzenia geometrii ostrza noża, kształtu krawędzi ostrza, czystości powierzchni roboczych, parametrów fizycznych i mechanicznych (reologicznych) surowców, prędkości obrotowej ślimaka i noży.

Znane są różne warianty obliczania wydajności kawałków mięsa. Obliczenia te były stale udoskonalane, uzupełniane i modyfikowane. W tych obliczeniach nie ma żadnego wpływu parametrów mechanizmu tnącego na wydajność.

Do tej pory nie istniała jednak ujednolicona teoria obliczania głównych parametrów urządzeń do rozdrabniania. Jednym z głównych kierunków w badaniach rozdrabniaczy mięsa jest określenie zależności wydajności od parametrów strukturalnych.

Przy projektowaniu nowych szlifierek do mięsa, ich poszczególnych zespołów i narzędzi roboczych (ślimaki, noże i siatki) wydajność nie jest obliczana, ponieważ jest ona ustawiona i stanowi parametr wyjściowy. Zadanie projektowe polega na określeniu podstawowych parametrów węzłów i narzędzi pracy w zależności od danej wydajności.

Zależność wydajności młyna mięsnego od podstawowych parametrów powinna być rozpatrywana w zależności od wydajności ślimaka i mechanizmów mielących.

Wydajność mechanizmu śrubowego Qsh (ilość surowca na drodze do noży) bez uwzględniania nacisku zwrotnego

Qsh = 0,785 (D2 - d2) (H -L) φ n,

gdzie D jąąt śrądąiąą śruby;

d - śrądąiąą wąłu śrubowągo;

H jest krokiem śrubowym;

L to grubość zwojów śrub;

φ - stopień napełnienia ślimaka obraca się wraz z produktem;

n - prędkość obrotowa śruby;

Wydajność Qw z uwzględnieniem ciśnienia zwrotnego

Qw = Qsh - Qr (3,5)

gdzie, Qr - wydajność przepływu wstecznego przez szczeliny pomiędzy obrotami śruby a obudową śruby.

Biorąc pod uwagę nieistotność przepływu powrotnego, można je pominąć. Eksperymentalnie udowodniono, że przy rozdrobnieniu 10 kg surowców mięsnych nie więcej niż 30 g soku jest transportowane w przeciwprądzie.

Istnieją trzy możliwości współpracy mechanizmów śrubowych i rozdrabniających:

Qsh < Pi

Qsh > Pi

Qsh = Pi

gdzie Qsh to wydajność mechanizmu śrubowego;

P - pojemność mechanizmu rozdrabniającego.

W pierwszej wersji wydajność młyna do mięsa jest ograniczona wydajnością mechanizmu śrubowego. Ten wariant pracy nie jest celowy, ponieważ mechanizm śrubowy praktycznie nie ma żadnych ograniczeń w wydajności. Wydajność mechanizmu śrubowego jest określana na podstawie prędkości obrotowej śruby.

W drugim wariancie nadmiar wydajności mechanizmu ślimakowego prowadzi do nadmiernego podawania produktu do noży, które nie mogą zmiażdżyć produktu, co powoduje wzrost nacisku, przeciwciśnienia i tarcia produktu.

W trzeciej wersji seryjne mechanizmy śrubowe i rozdrabniające będą pracować w trybie cichym.

O konieczności opracowania prawidłowego modelu matematycznego obliczania elementów konstrukcyjnych wilków i parametrów procesu rozdrabniania świadczy niewystarczające uzasadnienie naukowe opracowanych wariantów rozdrabniaczy, potwierdzone słabym naświetleniem teorii cięcia w literaturze, a także tą różnorodnością wariantów mechanizmów techniki cięcia. Sytuacja ta wynika z szeregu obiektywnych okoliczności, wśród których decydująca jest liczba cech, dla których należy przeprowadzić optymalizację wrzecion.

Jedną z możliwości uwzględnienia wpływu maksymalnej liczby definiowanych parametrów na proces mielenia jest opcja energetyczna. Model matematyczny procesu formowany jest więc w postaci równania ruchu zmiażdżonego materiału począwszy od komory zasilającej, aż do jego wydechu z rusztu wylotowego po cięciu.

Na Rys. 3.1... schemat sił działających na elementy wilka w procesie przemieszczania się surowca i jego cięcia jest podany...

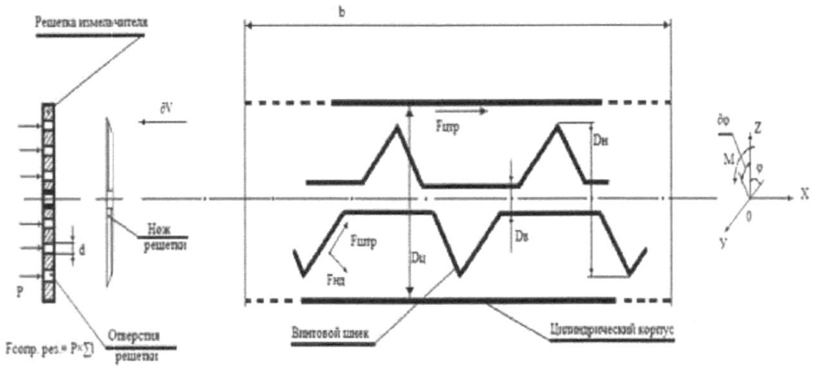

Rysunek 3.1. Schemat obliczeniowy mechanizmu szlifierskiego.

Przy pracy szlifierki do mięsa pokonywane są siły napędowe oporu wywołane siłami niszczenia zmiażdżonych surowców o krawędziach ostrza noża i krawędziach otworów siatki nożowej przy jego wciskaniu przez śrubę, a także siły tarcia wyrobu o wewnętrzną powierzchnię otworów, powierzchnię ślimaka, powierzchnię obudowy i siły oporu plastycznego sprężystego elementów konstrukcyjnych zmniejszające przekrój przelotowy zarówno w osiowym jak i promieniowym kierunku ruchu wyrobu.

Głównymi cechami konstrukcyjnymi i technologicznymi błystki są następujące parametry:

Wewnętrzna średnica korpusu cylindrycznego Dz; zewnętrzna średnica ślimaka (śruby) Dn; wewnętrzna średnica śruby Dv; liczba żeber (występów, rowków, odprysków) antypoślizgowy korpus cylindryczny t; wymiary przekroju poprzecznego żebra antypoślizgowego Δsl, kąt nachylenia żebra formującego do osi wzdłużnej korpusu cylindrycznego βsl; długość korpusu cylindrycznego b; liczba obrotów śruby k; kąt nachylenia powierzchni czołowej śruby do jej osi γ; liczba otworów rusztu szlifierskiego n; grubość rusztu szlifierskiego δ; współczynnik tarcia surowca ślizgającego się po powierzchni śruby f; długość krawędzi ostrza *l;* szerokość ostrza Δ; grubość ostrza δn; liczba piór ostrza m; kąt ślizgowy α; kąt ostrzenia łopatek β; średnica martwego punktu kraty "sl"; prędkość kątowa obrotu śruby ω; siła właściwa niszczenia surowca przez krawędź otworu kraty P; gęstość pokruszonego materiału ρ; moment obrotowy na wale śruby Mk., moment dokręcania nakrętki kraty$M^{p.}_{зат.}$, który z góry określa wartość momentu tarcia w parze łopatek kraty.

Do opisu procesu przemieszczania się surowców mięsnych w cylindrze wilka i rozbioru przy przepychaniu przez kratę wyjściową wykorzystamy równanie oszczędności energii w postaci równania bilansu mocy. W tym przypadku, w strukturze złożonych procesów wytłaczania i cięcia, zwrócimy uwagę na następujące główne składniki utraty mocy błystki:

– moc cięcia po wepchnięciu przez otwory kratki wyjściowej$(N^{отв}_{рез})$

– moc szlifowania przez otwory$(N^{отв}_{тр})$

– siła tarcia surowego mięsa o wnętrze cylindrycznego korpusu $(N^{ц}_{тр})$

– siła tarcia mięsa o powierzchnię śruby$(N^{ш}_{тр})$

– zdolność surowego mięsa do deformacji w miarę przemieszczania się wewnątrz cylindrycznego korpusu wilka$(N_{деф})$

– siła cięcia mięsa z krawędziami ostrza$(N^{рез}_{нож})$

– zdolność do deformacji surowców mięsnych w przestrzeni interferencyjnej noża$(N^{деф}_{нож})$

Siła tarcia powinna być wyrażona $N^{ц}_{тр}$w dwóch składowych:

– Oś$N^{ц}_{тр.ос}$

– Hrabstwo$N^{ц}_{тр.окр.}$

– $N^{ц}_{тр}=N^{ц}_{тр.ос}+$

$N^{ц}_{тр.окр.}$ (1)

Przyjmując za uogólnione współrzędne ruch wzdłużny X surowców mięsnych wzdłuż osi cylindrycznego korpusu błystki i ruch kątowy **ω** wokół tej osi, zapiszmy równanie zachowania energii w każdym momencie czasu w następującej formie:

$$F^{отв}_{рез}dV + F^{отв}_{тр}dV + M^{ц.ок}_{тр}d\omega + F^{ц.ос}_{тр}dV + F^{ш}_{тр}dV + F_{деф}dV + M^{рез}_{нож}d\omega +$$
$$+M^{деф}_{нож}d\omega = M_{прив}d\omega$$

(2)

$$dV = \frac{M_{прив} - M^{ц.ок}_{тр} - M^{рез}_{нож} - M^{деф}_{нож}}{F^{отв}_{рез} + F^{отв}_{тр} + F^{ц.ос}_{тр} + F^{ш}_{тр} + F_{деф}} d\omega, \quad (3)$$

gdzie

$dV = d\left(\frac{dx}{d\tau}\right)$ - zmiany prędkości liniowej produktów mięsnych, m/s

$d\omega = d\left(\frac{d\varphi}{d\tau}\right)$ - kątowa zmiana prędkości obrotowej śruby, c $^{-1}$

τ - czas, s;

$M_{прив}$ - moment obrotowy na wale napędowym;

Uogólnione siły i momenty są następujące:

$$F^{рез.}_{отв.} = \pi d\, n\, P; \quad (4)$$

$$F^{тр.}_{отв.} = \frac{4\pi d\, n\delta\, P}{(d-4\delta f_p)}; \quad (5)$$

$$F^{мяс.}_{деф.} = \frac{P^2(1+\cos 2\gamma)^2\pi(D^2_н - D^2_в)\cos(\gamma-\beta)}{2E(d-4\delta f_p)^2[2(1+f_ш \sin 2\gamma)-\mu(1-\cos 2\gamma]^2}; \quad (6)$$

$$F^{тр.}_{ц.ос.} = \frac{2P\mu(\cos\gamma)^2\pi D_ц f_{ц.ос.} bnd^2}{(d-4\delta f_p)[(1+f_ш \sin 2\gamma)-\mu(\sin\gamma)^2]};$$

(7)

$$F_{ш.}^{тр.} = \frac{P f_{ш.} b n d^2}{(D_н + D_в)(d - 4\delta f_p)\sin\gamma\sqrt{\{[(1 + f_ш \sin 2\gamma) - \mu(\sin\gamma)^2]^2 + (f_{ц.ок.}\mu\cos\gamma)^2\}}};$$

(8)

$$M_{тр.}^{ц.ок} = \frac{\mu P \pi D_ц^2 b f_{ц.ок.}(\cos\gamma)^2}{(d - 4\delta f_p)[(1 + f_ш \sin 2\gamma) - \mu(\sin\gamma)^2]}; \quad (9)$$

$$M_{нож.}^{рез.} = \frac{mP(D_н^2 - D_в^2)}{4}; \quad (10)$$

$$M_{нож.}^{деф.} = \frac{2P^2\mu^2(D_н^2 - D_в^2)(\cos\alpha)^2}{E(d - 4\delta f_p)^2}\left[\frac{\pi(D_н + D_в)}{2} - mS_{лезв.}\right]\delta_{лезв.};$$

(11)

$M_{тр.}^{н.р} = M_{зат.}^{р.}$ $Mtr^{.r}_{.} = f(Mzat_{.}^{p)}$ (12)

gdzie

d, n - średnica i liczba otworów w kratce wyjściowej;

P - siła właściwa niszczenia surowców mięsnych, N/m;

δ - grubość kraty wylotowej;

μ - czynnik mięsny Poissona;

b - długość cylindra roboczego korpusu;

ρ - gęstość surowców mięsnych;

α — kąt ostrzenia ostrza noża;

$f_{ц.ос.}$ - współczynnik tarcia ślizgowego o powierzchnię cylindra w kierunku osiowym ruchu surowego mięsa;

$f_{ц.ок.}$- współczynnik tarcia (oporu) na powierzchni cylindra podczas ruchu obwodowego surowego mięsa;

$f_ш$ - współczynnik tarcia surowego mięsa o powierzchnię ślimaka;

f_p - współczynnik tarcia surowców mięsnych na powierzchni otworów kratowych;

$D_н, D_в$ - średnica zewnętrzna i średnica pustego ślimaka;

E - moduł sprężystości wzdłużnej surowego mięsa;

m to liczba ostrzy noży;

$S_{лезв.}$ - szerokość ostrza noża;

$\delta_{лезв.}$ - grubość ostrza;

ω - prędkość kątowa ślimaka i noża błystki.

Wydajność błystki jest określana przez stosunek:

$$Q = \rho V F, \tag{12}$$

gdzie

ρ - gęstość mięsa, kg/m3

V - Współczynnik wydechu, m/s

F - Powierzchnia wydechowa, m2

Biorąc pod uwagę uogólnione siły niezależne od uogólnionych prędkości, po zintegrowaniu wyrażenia (3) zostanie uzyskane:

$$V = \frac{M_{прив} - M_{тр}^{ц.ок} - M_{нож}^{рез} - M_{нож}^{деф} - M_{тр}^{н.р}}{F_{рез}^{отв} + F_{тр}^{отв} + F_{тр}^{ц.ос} + F_{тр}^{ш} + F_{деф}} \omega \tag{14}$$

Zapisując równanie ruchu surowców w procesie ich podawania w korpusie cylindrycznym za pomocą mechanizmu ślimakowego i cięcia nożem wielopiórowym, a także biorąc pod uwagę straty energii rozpraszania na tarcie i deformację, otrzymujemy wyrażenie (15) na wydajność wilka w zależności od jego podstawowych parametrów konstrukcyjnych.

$$Q = \rho \frac{M_{прив.} - M_{тр.}^{ц.ок} - M_{нож.}^{рез.} - M_{нож.}^{деф.} - M_{тр}^{н.р}}{F_{отв.}^{рез.} + F_{отв.}^{тр.} + F_{деф.}^{мяс.} + F_{ц.ос.}^{тр.} + F_{ш.}^{тр.}} * \frac{\pi d^2}{4} n * [1 - \frac{4 m S_{лез}}{\pi (D_н + D_в)}] * \omega \tag{15}$$

3.3. ANALIZĘ CAŁKOWITEJ DŁUGOŚCI KRAWĘDZI TNĄCYCH OTWORÓW KRATY, POWIERZCHNI UŻYTKOWEJ KRATY ORAZ CAŁKOWITEJ POWIERZCHNI ŚCIANEK CYLINDRYCZNYCH OTWORÓW KRATY

W wielu źródłach literackich powstają obliczenia wydajności młyna mięsnego, ale w nich wpływają na wydajność całkowitej długości krawędzi tnących otworów kraty, powierzchni użytkowej kraty, biorąc pod uwagę szerokość ostrza noża nakładającego się na otwory, całkowita powierzchnia cylindrycznych ścianek otworów (grubość kraty) nie otwiera się.

Całkowita długość L krawędzi tnących otworów kratowych

$L = L0\ do,$ (3.20) ,

gdzie

L_0 - długość krawędzi tnącej jednego otworu;

do - liczby otworów w siatce.

L0 długość krawędzi tnącej jednego otworu;

$L0 = \pi d,$ (3.21) ,

gdzie

d - średnica otworu kratowego.

Powierzchnię użytkową kraty należy rozumieć jako całkowitą powierzchnię wszystkich otworów kratowych (z wyjątkiem środkowego) o zmniejszonej powierzchni otworów s_1 pokrytych łopatkami.

"p = "p do - S1 " (3.22)

gdzie Pp jest obszarem jednego otworu kratowego

Powierzchnia jednego otworu w kratownicy

"r = $\pi d2/4$ (3.23)

Całkowita powierzchnia ścianek otworu cylindrycznego S składa się z sumy powierzchni ścianek wszystkich otworów w rusztie.

Powierzchnia ściany bocznej "p ojedynczy otwór kratowy

"a $= \pi dh$ (3.24)

gdzie b jest średnicą otworu kratowego;

h to grubość siatki.

S = "a k " (3.25)

W tabeli 3.1. przedstawiono dla kraty o średnicy 82 mm zależność wydajności średnicy i ilości otworów, od całkowitej długości krawędzi tnących, powierzchni użytkowej i całkowitej powierzchni ścianek cylindrycznych otworów.

Tabela 3.1

Zależność wydajności wilka od parametrów rusztu

Produkty wność kilogodzi na	Średnica otworów w kratownicy d, mm	Numer odpowietrz niki K, pcs.	Długość całkowita Spinacze Obrzeża L, mm	Użyteczn y obszar siatki "p, mm2	Całkowita powierzchnia ścianek otworu cylindrycznego, S mm2 Grubość kraty h=3,5 mm
150	3	360	3391	2543	32976
175	5	146	2292	2865	5495
200	8	60	1507	3014	8793
300	13	27	1102	3582	14287

WNIOSKI

1. Wraz ze wzrostem średnicy otworów kratowych wzrasta wydajność pracy.

2. Wraz ze wzrostem średnicy otworów zwiększa się powierzchnia użytkowa kraty.

3. Wraz ze wzrostem powierzchni użytkowej rusztów zwiększa się wydajność pracy.

4. Zwiększenie szerokości ostrza zmniejsza powierzchnię użytkową kraty i wydajność pracy.

3.4. DYNAMIKA OBSZARÓW UŻYTECZNYCH PRZEKROJÓW POPRZECZNYCH MECHANIZMÓW WYCISKANIA I CIĘCIA

Zmiany w obszarze przekrojów użytkowych, zmiany natężenia przepływu, występowanie zakłóceń i spadków ciśnienia mają negatywny wpływ na jakość surowców. Wszystkie straty hydrauliczne w obudowie ślimaka dzielą się na dwa rodzaje: straty wynikające z tarcia na powierzchniach roboczych oraz straty lokalne spowodowane zmianami wielkości i konfiguracji złoża.

Jeśli nie weźmiemy pod uwagę nienewtonowskiego charakteru mięsa mielonego, możemy użyć wzorów hydraulicznych do analizy oceny. Następnie zmianę Δh głowy i zmianę ciśnienia ΔP wyznaczają wzory empiryczne Darcy-Weisbacha, które charakteryzują się obecnością empirycznego współczynnika ζ:

$$\Delta h = \xi \frac{V^2}{2g}, \quad (3.26)$$

gdzie

Δh - straty ciśnienia na oporze hydraulicznym;

ξ - lokalny współczynnik oporu ;

V - średnie natężenie przepływu surowego mięsa;

g - przyspieszenie swobodnego spadku;

Zmiana ciśnienia ΔP na oporach hydraulicznych:

$$\Delta Đ = \xi \frac{V^2}{2} \cdot \rho, \quad (3.28)$$

gdzie

ρ - gęstość płynu.

Lokalne opory hydrauliczne to wzrost lub spadek oporów spowodowany zmianami w przekroju poprzecznym przepływu surowca.

W mechanizmie rozdrabniania wilka, podczas przemieszczania się surowców następuje zwiększenie przekroju użytecznego:

- od podciętego noża stałego do pierwszego noża obrotowego;

- od pierwszej kraty do obrotowego noża;

Część użyteczna jest zredukowana przez przemieszczanie się surowców:

- od śruby do noża do przycinania;

- od pierwszego obrotowego noża do pierwszej siatki;

- od drugiego noża obrotowego do drugiej kraty.

W przypadku **nagłego wydłużenia** przekroju określa się współczynnik ξ:

$$\xi = (1 - \frac{S1}{S2})^2 \quad (3.29)$$

Przy **nagłym skurczu, określa się** współczynnik ξ:

$$\xi = 0{,}5(1-\frac{S2}{S1}) = 0{,}5(1-\frac{1}{n}), \qquad (3.30)$$

gdzie

S1, S2 - powierzchnia przekroju poprzecznego przed i po oporze miejscowym.

W celu analizy skutków zmian ciśnienia oraz zbadania procesów wytłaczania i cięcia surowców określa się obszar użytecznych przekrojów w strefach:

- pobrania,
- Plomby,
- z sieci odbiorczej,
- pierwszy nóż,
- z pierwszej siatki,
- drugim nożem,
- kratę wylotową.

1. Obszar *S1* strefy obciążenia użytecznego przekroju poprzecznego i strefy uszczelnienia w obudowie śruby

$$S1 = \pi\,(r12 - r22), \qquad (3.31)$$

gdzie

r1 - wewnętrzny promień korpusu śruby,

r2 - promień wału śrubowego,

2. Obszar *S2* części użytkowej kraty odbiorczej

$$S2 = \pi\,(r32 - r42) -_{pa} l\, a, \qquad (3.32)$$

gdzie

r3 - promień wewnętrznej krawędzi kraty odbiorczej,

r4 - promień zewnętrznej obręczy piasty,

l jest długością cięcia nadproża,

a - szerokość nadproża tnącego,

p_a *to* liczba ostrzy tnących na belce tnącej.

3. Korzystna powierzchnia przekroju pierwszego noża

$$S3= \pi (r5^2 - r6^2) - nb\left(\frac{m + c}{2}\right), \qquad (3.33)$$

gdzie

r5 - zewnętrzny promień noża,

r6 - promień piasty noża,

b jest długością krawędzi tnącej noża,

c - szerokość ostrza,

m - szerokość ostrza

n - number of blade blade

gdzie

n1- liczba ostrzy,

n2 to liczba otworów zakrytych przez jedno ostrze,

4. Obszar *S4* użytecznego odcinka pierwszej siatki:

$$S4 = \pi r7^2 \cdot \kappa - Sn , \qquad (3.34)$$

gdzie

r7 - promień otworu pierwszej kraty,

do - liczby otworów w pierwszej siatce,

Sn to obszar, w którym ostrza łopatek nakładają się na otwory.

$$Sn= \frac{k\, n\, b\, (m + c)\, r2}{2} \qquad (2.23)$$

5. *S5* obszar użytecznej sekcji drugiego noża

$$S3 = \pi (r52 - r62) - nb\left(\frac{m + c}{2}\right), \quad (3.35)$$

6. *S6* obszar użytecznego odcinka drugiej kraty

$$S6 = ð\, r82 \cdot_{\kappa l} - Sn1 , \quad (3.36)$$

gdzie

r8 - promień otworu drugiej kraty,

k1 to liczba otworów w drugiej kratce,

Sn1-otworowy obszar zachodzenia na siebie z jednym ostrzem noża.

$$Sn1 = \pi\, r82 \cdot n1 \cdot n2, \quad (3.37)$$

gdzie

n1 - liczba otworów pokrytych jednym ostrzem

n2 to liczba ostrzy noża,

Kolejność wpychania surowca, jakość i stopień jego rozdrobnienia zależą od liczby rusztów, noży i ich parametrów. Instalacja noży i siatek zgodnie z ogólnie przyjętym schematem międzynarodowym jest określona przez dwa systemy: UNGER (Unger) i ENTERPRISE (Enterprise).

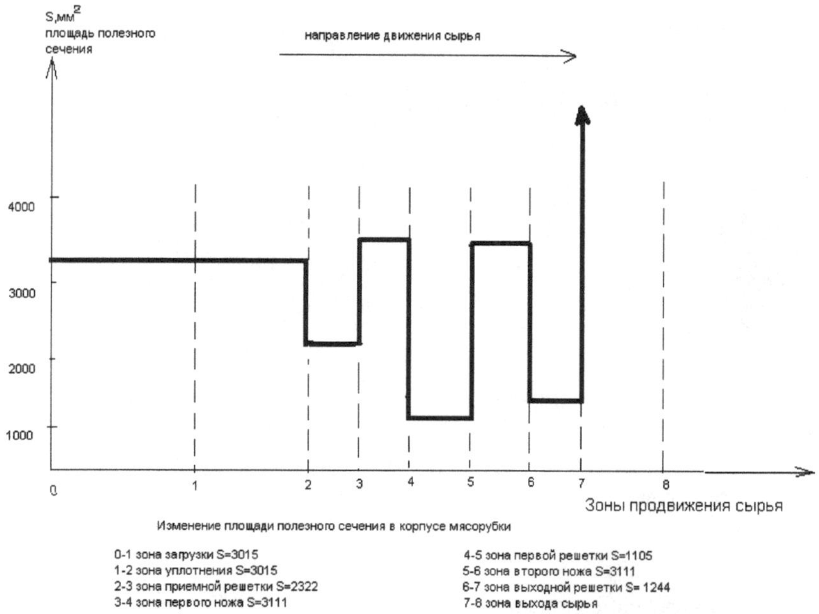

Rys. 3. 2. Zmiana użytecznego obszaru przekroju w korpusie śruby...

Na Rys. 3.2. pokazano zmianę powierzchni przekroju użytecznego korpusu śruby z kratkami 82 mm i dwoma nożami. W korpusie śruby, przy takim rozmieszczeniu narzędzia tnącego (najczęściej), użyteczny przekrój jest wymieniany pięciokrotnie. Przekrój użyteczny ma znaczne wahania od 3015 mm2 do 1105 mm2. Różnice w przekrojach użytkowych powodują zmiany ciśnienia, a w konsekwencji pogorszenie jakości szlifowanych surowców.

W celu stworzenia łagodnego trybu obróbki surowców, wskazane jest zapewnienie stałego lub najmniejszego nachylenia użytecznych przekrojów w korpusie śruby na całej drodze przesuwu.

Sprawność kraty jest szacowana przez współczynnik η wykorzystania powierzchni użytkowej kraty. Czynnik ten zależy od średnicy kraty D, średnicy otworów d, ilości otworów k.

$$\eta = \frac{S_o}{S_p} \quad \text{gdzie}$$

S_p - obszar siatki,

S_o - całkowita powierzchnia otworów,

$$S_p = \frac{\pi D^2}{4},$$

$$S_o = \frac{\pi d^2 k}{4},$$

gdzie

k to liczba otworów.

Zwiększenie przekroju użytkowego kraty odbiorczej (współczynnik wykorzystania przekroju użytkowego kraty odbiorczej) jest możliwe poprzez zmniejszenie promienia *r4*, zwiększenie promienia *r3* i zmniejszenie szerokości nadproża tnącego *a*. Dzięki temu powierzchnia przekroju użytkowego kraty odbiorczej wzrośnie do 12%.

Zwiększenie powierzchni przekroju użytkowego noża (współczynnik wykorzystania przekroju użytkowego noża) uzyskuje się poprzez zmniejszenie promienia *r6* piasty, zmniejszenie szerokości d ostrza noża. Zwiększa to powierzchnię przekroju użytecznego ostrza do 15%. Kratownica ma najmniejszą użyteczną powierzchnię przekroju wzdłuż całego toru jazdy materiału wsadowego w korpusie ślimaka. W celu zwiększenia powierzchni przekroju użytecznego (współczynnik wykorzystania przekroju użytecznego kraty) zasadne jest zwiększenie gęstości otworów i zwiększenie ich ilości poprzez wyjęcie klucza wsuwkowego poza zewnętrzną średnicę kraty. Zwiększy to użyteczny odcinek o 20%, a tym samym zwiększy produktywność wilka.

KWESTIE KONTROLNE

1.Jak nazywa się proces przeciskania surowego mięsa przez otwory w kratach?

2. Dlaczego surowce mięsne są zagęszczane podczas transportu do młynków?

3. od czego zależy wydajność młyna do mielenia mięsa?

4. Jaka jest powierzchnia użytkowa siatki?

5.Dlaczego ściany otworów kratowych powinny mieć wysoką czystość?

6. Jak zmienia się powierzchnia użytkowa przekroju poprzecznego w korpusie śruby?

ROZDZIAŁ 4 OBLICZANIE I KONSTRUKCJA ROZDRABNIACZY MIĘSA

Projektant (inżynier projektu) młyna do mięsa musi posiadać specyfikację projektu. Opracowanie zakresu wymagań i obowiązków jest poprzedzone badaniami rynku. Badania marketingowe są zdeterminowane:

- określoną wydajność młyna do mięsa w zależności od wydajności produkcji, w której maszyna będzie używana,

- produkcja w zależności od zapotrzebowania rynku,

- cena graniczna w zależności od możliwości sprzedaży.

Podczas projektowania wilków, głównym parametrem wejściowym jest określona wydajność. Produktywność jest określana na podstawie wielkości produkcji w przedsiębiorstwie przetwórstwa mięsnego, dla którego ten produkt jest przeznaczony (małe, średnie lub duże przedsiębiorstwo).

Specyfikacja projektu powinna określać produkcję seryjną rozdrabniaczy mięsa (produkcja pojedyncza, produkcja na małą skalę lub na dużą skalę), wydajność, limit ceny produkcji.

Produkcja seryjna decyduje o technologii produkcji części i zespołów, a tym samym o konstrukcji i materiale, z którego wykonane są części.

Cena graniczna określa z góry projekt, wybór komponentów, materiał i technologię. W przypadku małych serii, konstrukcja rozdrabniacza mięsa powinna przewidywać produkcję bez użycia kosztownych urządzeń, co w przypadku małego nakładu znacznie zwiększy koszty. Biorąc pod uwagę cenę graniczną, konieczne jest dążenie do określenia najtańszych komponentów i materiałów, oczywiście nie ze szkodą dla jakości i wydajności.

Konstrukcja kawałków mięsa jest wykonywana w kolejności:

- konstrukcja kraty rozdrabniającej;

- konstrukcja obudowy ślimaka;

- projekt ślimaka;

- konstrukcja noża.

Dlatego też, rozpoczynając projektowanie i mając określoną wydajność, należy zacząć od określenia głównych parametrów młyna do mięsa.

4.1. OBLICZENIE I KONSTRUKCJA KRAT PODCINAJĄCYCH I ROZDRABNIAJĄCYCH.

W zależności od wydajności zestawu dobierana jest średnica rozdrabniających i podcinających ściernic zgodnie z GOST 28533-90 "Narzędzie tnące wrzeciona". Rodzaje, podstawowe wymiary i wymagania techniczne" .

TABELA 4.1

Zależność wydajności wilka od średnicy kraty i mocy silnika

Produktywność, kilogodzina	**100**	**300**	**1000**	**3000**	**14000**	**18000**
Średnica kraty, mm	**50-60**	**82**	**114**	**130**	**160**	**250**
Moc silnika elektrycznego, silniki, kW	**1-2**	**2-3**	**6**	**18**	**35**	**55**

Kraty rozdrabniające wykonywane są z otworami o średnicach: 1,5; 2; 2,5; 3; 4; 5; 8; 10; 13; 18; 20; 30 mm.

Ruszty nożowe są tarczami z okrągłymi otworami i pracują parami z obracającymi się nożami.

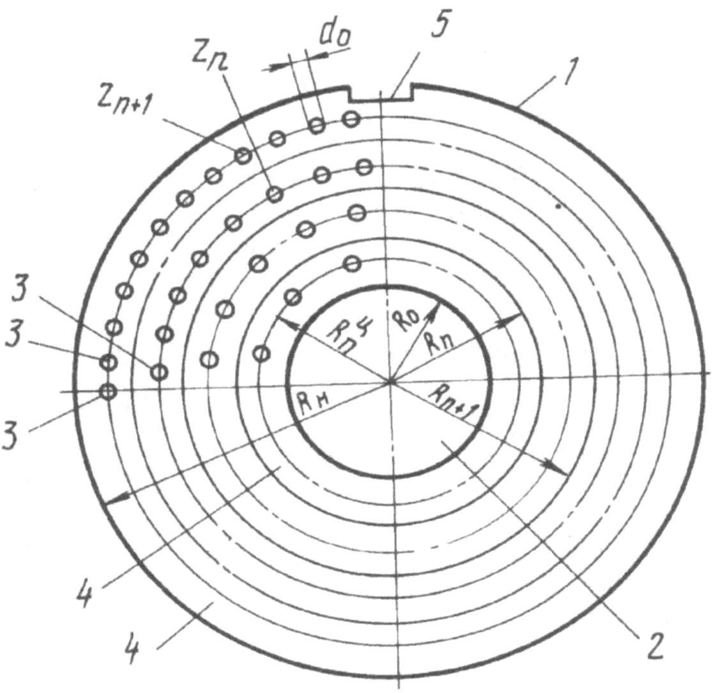

Rys. 4.1 Widok ogólny rusztu rozdrabniającego.

1 - tarcza; 2 - centralny otwór w gnieździe; 3 - otwory; 4 - pierścienie warunkowe; 5 - rowek wpustowy.

Nóż i podcięte kraty są montowane w obudowie i zabezpieczone kluczem, aby uniknąć obrotu. W kratce znajduje się centralny otwór, w którym znajduje się trzpień śruby, który może być kształtowany jako kwadratowy lub cylindryczny wałek z 2 bocznymi nacięciami w poprzek jego przekroju. Noże obrotowe są również zakładane na trzonek. Do przenoszenia momentu obrotowego, łopatki mają otwór odpowiadający kształtowi przekroju trzpienia.

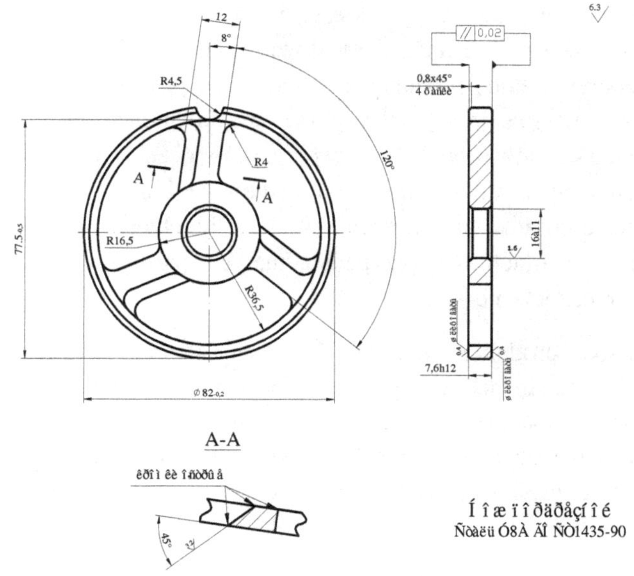

Rys. 4.2. Kratka tnąca jednostronna

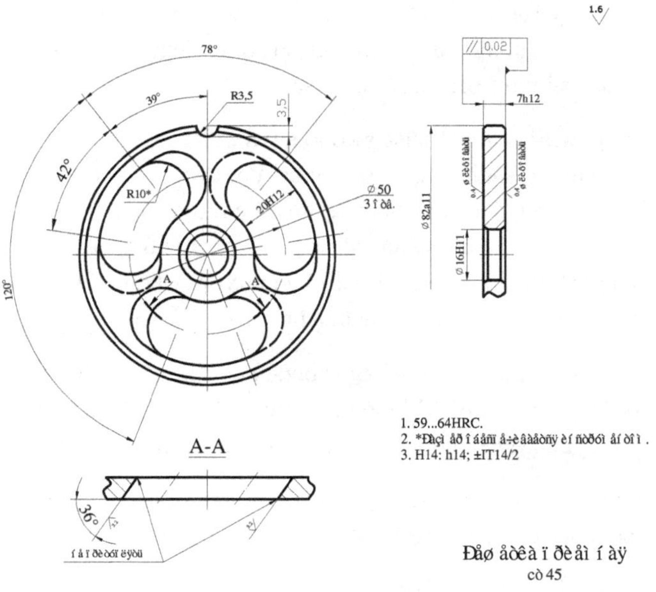

Rys.4.3. Dwustronne podcinanie kraty.

Wybór średnicy rusztu siekającego określa, w zależności od wielkości wsadu (produkcja mała, seryjna lub duża) i możliwości technologicznych (odlewnia, tłoczenie, toczenie), metodę produkcji i materiał. Do produkcji wielkoseryjnej (ponad 10 tys. szt.) stosuje się kraty prasowane lub odlewane, co wymaga znacznie niższych kosztów produkcji niż w przypadku toczenia. Otwory wiercone są na specjalistycznych automatach. Kraty odlewane i prasowane wymagają jednak ponoszenia kosztów na urządzenia produkcyjne, które mogą się zwrócić tylko w dużych partiach. W przypadku małych partii, kraty mogą być produkowane przez toczenie.

Zgodnie z metodą produkcji dobierany jest materiał kratowy. Przy wyborze gatunku stali bierze się pod uwagę niezbędne parametry wytrzymałościowe, możliwość obróbki cieplnej, tłoczenia, odlewania, a także cenę metalu. W praktyce, siatki są wykonane ze st45, st45L, U8A, U10A i innych. Twardość kraty po obróbce cieplnej musi wynosić 58 ... 64 NRC.

4.2.OBLICZENIE I KONSTRUKCJA KORPUSU ŚRUBY

Po określeniu średnicy rusztu określa się parametry korpusu ślimaka: średnicę cylindra, w którym znajduje się nóż i ruszt oraz jego długość, średnicę wewnętrzną korpusu ślimaka oraz jego długość.

Średnica cylindra powinna umożliwiać swobodny montaż i demontaż krat i noży podczas ich wymiany i sanityzacji. Szczelina pomiędzy ścianami obudowy wkrętu a kratką powinna być ograniczona do minimum, ponieważ środkowy otwór kratki jest nośnikiem trzpienia wkrętu. W przypadku dużej szczeliny, podczas obracania się ślimaka dochodzi do bicia, co powoduje zużycie, hałas, ścieranie metalu i wnikanie trocin do wnętrza produktu.

W przypadku korpusu ślimaka do mielenia i podcinania mięsa 8MM znajduje się cylindryczny otwór o średnicy 82 h13 (średnica rusztu 82H11). Minimalny odstęp pomiędzy kratką a cylindrem obudowy wynosi 0,12 mm, a maksymalny 0,64 mm.

Długość cylindra L1 w korpusie ślimaka, w którym zainstalowane są rozdrabniacze, podcinarki i noże, zależy od całkowitej grubości noży i siatek.

$L1 = S + S1 + S2 + S3 + S4 + 3$ gdzie

S to grubość siatki odbiorczej,

S1 to grubość pierwszego noża,

S2 to grubość pierwszej siatki rozdrabniającej,

S3 to grubość drugiego noża,

S4 - grubość drugiej siatki rozdrabniającej.

S5 to grubość pierścienia zaciskowego.

Pakiet noży i kratek wchodzi do cylindra korpusu śruby.

Do szlifierki do mięsa o średnicy kratki 82 mm (8MM): S = 14 mm. S1 = 12 mm, S2 = 10 mm, S3 = 12 mm, S4 = 10 mm. S5 = 10 mm.

Podczas ostrzenia i szlifowania noży i rusztów zmniejsza się ich grubość, a pierścień kompensacyjny z nakrętką centralną dociska opakowanie i wyrównuje zmniejszoną grubość.

Po określeniu średnicy i długości cylindra dla kratek, znajdujemy średnicę D1 i długość L1 otworu na śrubę cylindryczną. Dla niezawodnego podparcia kraty w cylindrze przyjmujemy pierścieniową płytę nośną o szerokości 5 mm. Średnica Dv otworu na śrubę cylindryczną będzie mniejsza o 10 mm od kraty, tzn. dla F82 mm będzie to F72 mm.

Długość Lz wewnętrznego cylindra korpusu śruby jest określona przez liczbę i obrotów śruby.

$Lz = S\,i + m + n$,

gdzie

S jest stopniem gwintu śruby,

m jest szczeliną pomiędzy kratą odbiorczą a końcem pierwszej zwoju śruby.

Na wewnętrznej średnicy korpusu ślimaka wycięte są rowki, które zapobiegają obracaniu się surowca w celu zmniejszenia jego nadmiernego tarcia, co zapewnia redukcję soku, a w konsekwencji najlepszy smak gotowych wyrobów mięsnych. Rowki śrubowe stabilizują nacisk w korpusie śruby. Jeśli śruba podaje ilość surowca, która nie zdążyła jeszcze rozdrobnić noży, zwiększa się nacisk wsteczny w korpusie śruby, a wyciśnięty surowiec przepływa przez rowki do końca śruby, gdzie surowiec nie jest jeszcze zagęszczony i poluzował się.

Nie ma badań naukowych nad parametrami tych rowków (głębokością, szerokością, krokiem śruby, kierunkiem i liczbą), dlatego są one dobierane analogicznie do istniejących próbek.

Korpus śruby musi być wykonany (jak również wszystkie części mające kontakt z żywnością) z materiałów zatwierdzonych przez Ministerstwo Zdrowia. Lista tych materiałów znajduje się w Przewodniku Technicznym RTM 27-27-15-82 "Maszyny i urządzenia spożywcze". Procedura stosowania metali, materiałów syntetycznych i innych materiałów mających kontakt z żywnością i środowiskiem" W zależności od technologii produkcji i kosztów, takimi materiałami mogą być stale nierdzewne, żeliwo, stopy aluminium, kompozycje polimerowe.

Przy wyborze materiału obudowy należy wziąć pod uwagę koszt materiału i jego odporność na korozję. Można stosować stal 20X13Л (GOST 997-88), jest znacznie tańsza od stali X18H10T, ale nie ma formy towaru, ma szary kolor i jest narażona na nieznaczną korozję.

W zależności od kosztu młyna do mięsa, wielkości partii produkcyjnej, możliwości technologicznych, wybranego materiału, możliwe jest wykonanie korpusów ślimaków:

odlewanie w stanie stopionym,

odlewanie koksu,

odlewanie w ziemi,

naostrzone, prefabrykowane spawane,

naostrzone, prefabrykowane z szyjką termoutwardzalną.

Schemat konstrukcyjny parametrów konstrukcyjnych obudowy dla śruby pokazano na rysunku 2.5. Na Rys. 4.4 Rysunek korpusu śruby jest pokazany na rysunku. 4.5 - Dokręcanie nakrętki korpusu śruby.

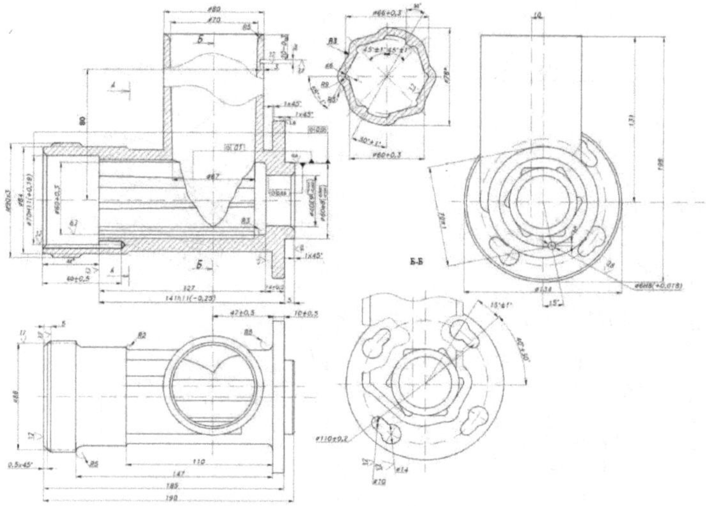

Rys.4.4. Rysunek korpusu śruby.

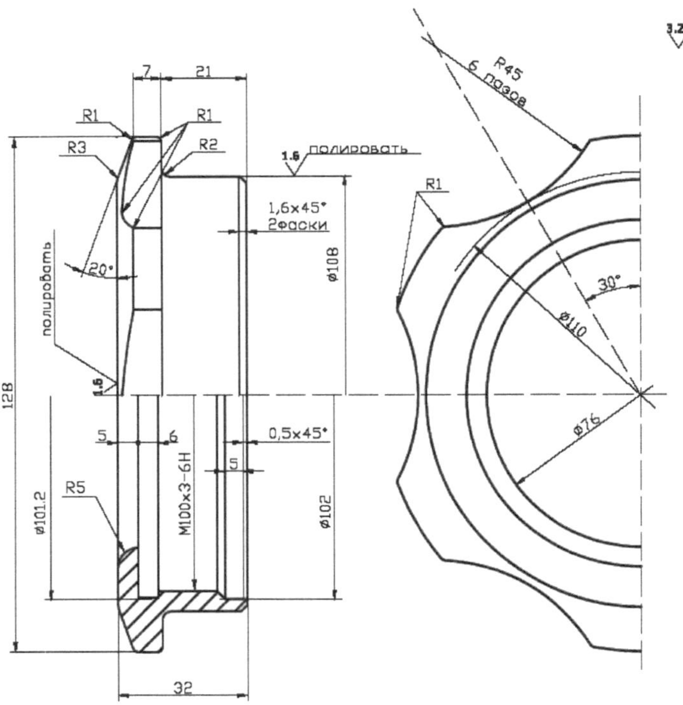

Ст. 12Х18Н10Т ГОСТ 5949-75

Rys. 4.5. NAKRĘTKĘ DOKRĘCAJŠCŠ.

4.3. OBLICZANIE I PROJEKTOWANIE ŚRUB

Po zaprojektowaniu obudowy ślimaka, rozpoczyna się projektowanie ślimaka. Ustalenie średnicy zewnętrznej śruby Dsh

Dsh = Dwk - Bsh.

Gdzie,

Duża szczelina pomiędzy średnicą zewnętrzną śruby a wewnętrzną średnicą korpusu śruby.

Wielkość szczeliny Ssh powinna być ograniczona do minimum, aby zmniejszyć straty wydajności (zmniejszenie przeciwprądów). Luz jest obliczany na podstawie możliwej dokładności otworów na osadzenie śruby i trzpienia. Przy obliczaniu tolerancji i osadzenia korpusów śrub i wkrętów należy stosować standardowe tolerancje i system osadzenia dla gładkich połączeń cylindrycznych. Stosowany jest system dopasowania otworów, co zmniejsza zakres rozmiarów i kalibracji otworów w procesie produkcyjnym.

Podczas obracania śruby w obudowie może dojść do zetknięcia się wkrętów z wewnętrzną średnicą obudowy na skutek niewspółosiowości, co spowoduje zużycie zarówno obudowy śrub, jak i wkrętów. Zjawisko to jest nie do przyjęcia, ponieważ ścierany metal dostaje się do mielonego mięsa.

Podstawowe parametry śruby podane są na schemacie konstrukcyjnym parametrów konstrukcyjnych (rys. 2.10).

Na rys. 4.6 pokazano śrubę młyna do mięsa 8 MM. 4.7 - ślimak spawany.

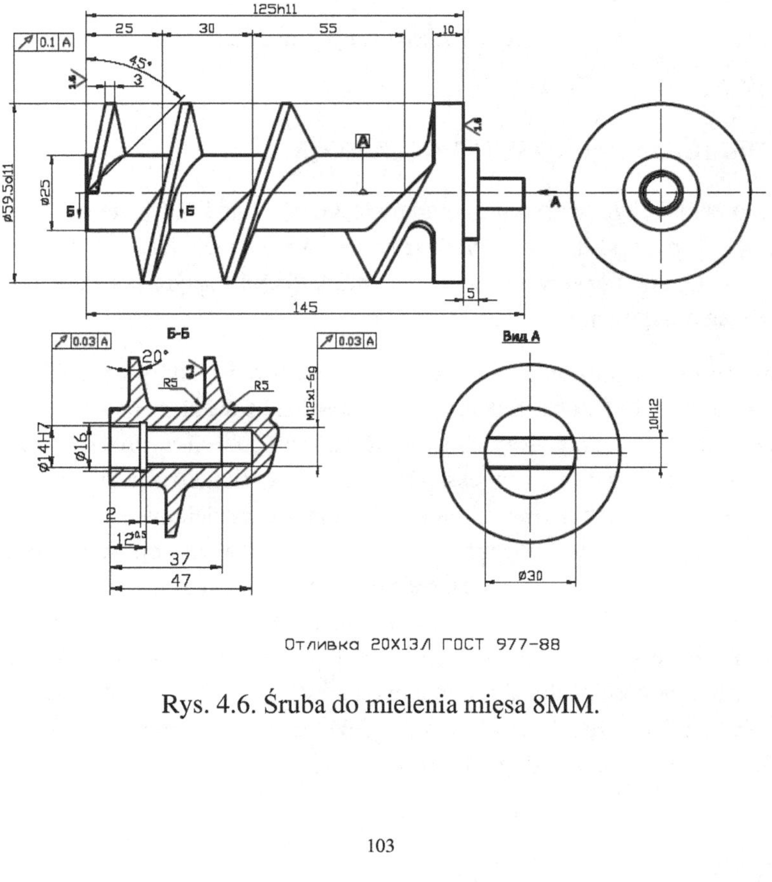

Rys. 4.6. Śruba do mielenia mięsa 8MM.

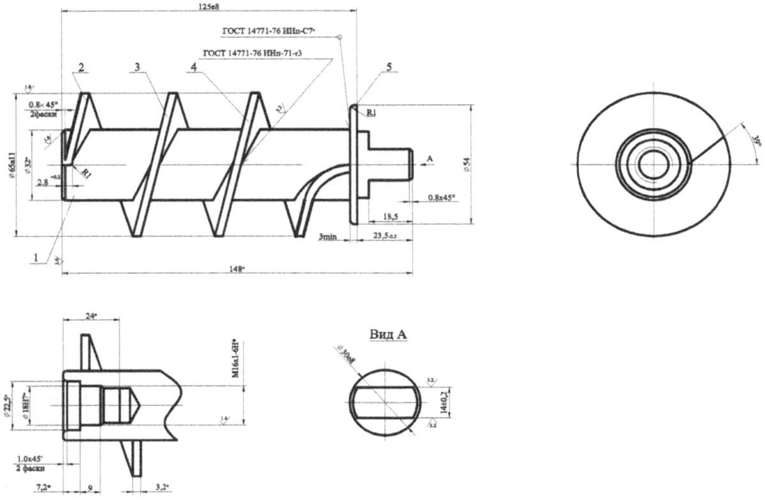

Rys.4.7. Spawany ślimak.

4.4. OBLICZANIE I KONSTRUKCJA NOŻY

Noże powinny być wykonane zgodnie z GOST 28533-90 "Narzędzia tnące wilków". Typy, podstawowe parametry i wymagania techniczne" następujących typów: stałe, kompozytowe (z wymiennymi płytkami tnącymi), separacyjne (do rozdzielania fragmentów kości, żył i błon).

Twardość ostrza po obróbce cieplnej powinna wynosić od 48,5 do 56 NRC, odporność na ścieranie narzędzia tnącego przed szlifowaniem powinna wynosić co najmniej 24 godziny. Aby zmniejszyć zużycie energii w procesie rozbioru, poprawić jakość produktu i zwiększyć wydajność, optymalizacja krawędzi tnącej ostrza jest jednym z głównych wyzwań podczas projektowania narzędzi do rozbioru mięsa. Aby obliczyć geometrię krawędzi tnącej, konieczna jest znajomość siły skrawania surowca. Należy wziąć pod uwagę, że podczas mielenia zamrożonych surowców, siły te wielokrotnie się zwiększają. Doświadczalnie ustalono, że siły skrawania są zależne od prędkości skrawania. W różnych zakresach prędkości, siły skrawania mogą być zmniejszone lub zwiększone. Wynika to z faktu, że siła skrawania jest złożoną funkcją wartości odkształcenia wstępnego, która zależy od prędkości skrawania.

Podczas krojenia mięsa, do 85% energii przeznacza się na deformację plastyczną, resztę energii wykorzystuje się do pokonania sił molekularnych.

Napięcia tnące są zmniejszane proporcjonalnie do zmniejszenia napięcia wstępnego. Naprężenie wstępne zależy od określonej powierzchni styku ostrza z ciętym materiałem, co z kolei zależy od kąta przesunięcia ostrza.

Rys. 4.8 przedstawia nóż z czterema ostrzami, rys. 4.9 przedstawia nóż z wymiennymi ostrzami.

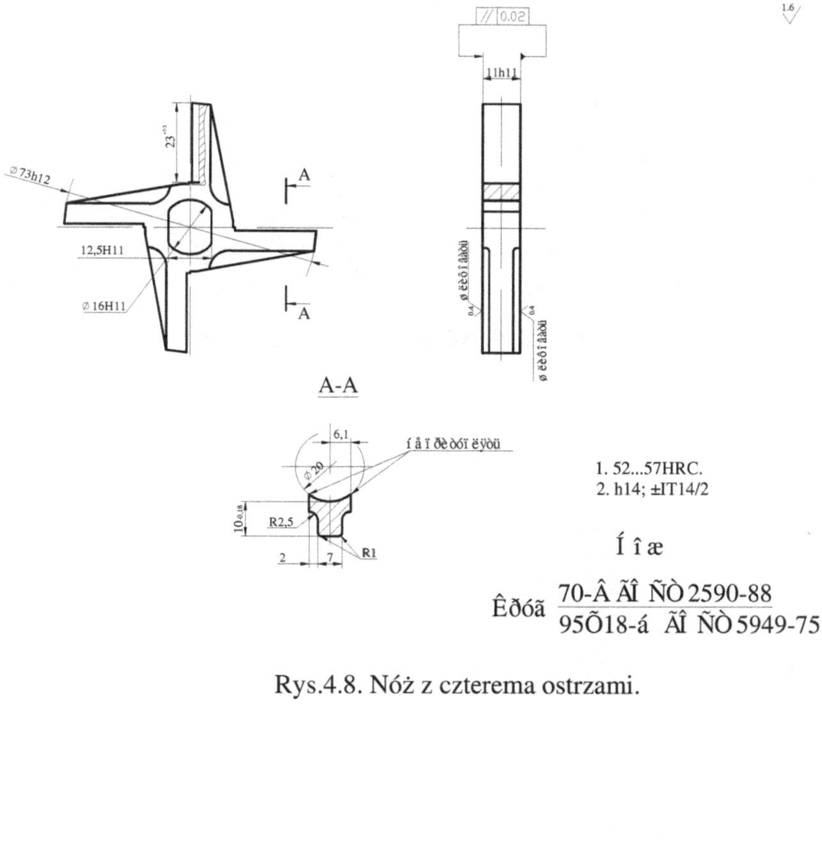

Rys.4.8. Nóż z czterema ostrzami.

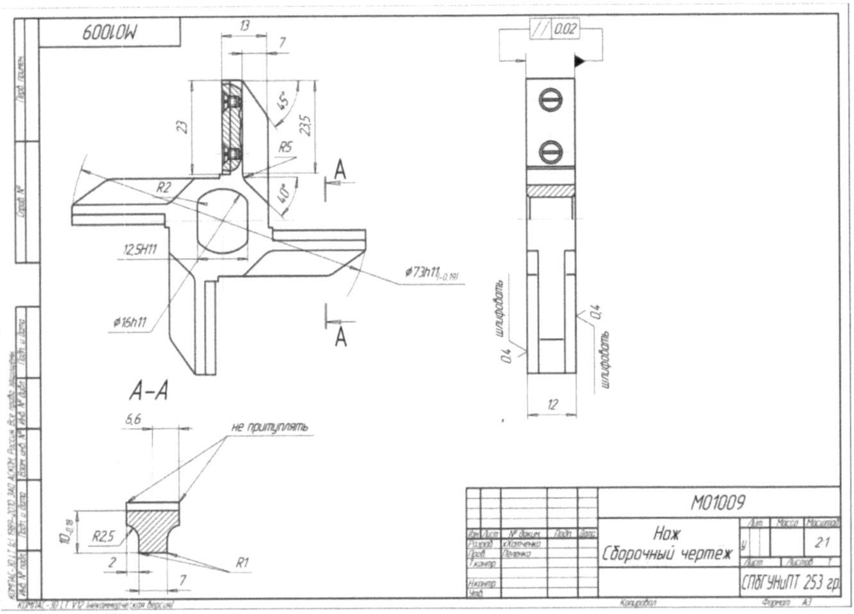

Rys. 4. 9. Nóż z wymiennymi ostrzami.

KWESTIE KONTROLNE

1. Jaka jest wydajność młyna do mielenia mięsa w zależności od średnicy siatki mielącej?

2. Jaka jest wydajność młyna do mięsa w zależności od średnicy otworów do mielenia?

3 Wymień średnicę otworów do rozdrabniania rusztu.

4. Sposoby robienia siatek.

5. Jakich materiałów używa się do produkcji siatek.

6. Dlaczego twardość kraty jest wyższa od twardości noża?

7. Z jakich materiałów wykonane są noże?

8. Czy siła cięcia zależy od prędkości?

9. Do czego służą rowki wykonane wewnątrz cylindra w korpusie śruby?

10. Jaki stopień linii śrubowej jest stosowany do śruby?

ROZDZIAŁ 5: MŁYN DO MIELENIA MIĘSA JAKO PRZEDMIOT BADAŃ EKSPERYMENTALNYCH

5.1 Zadania związane z przeprowadzaniem eksperymentów

Badania eksperymentalne są istotną częścią procesu badania i doskonalenia kawałków mięsa. Młynek do mięsa jest maszyną wieloprocesową i może zawierać, oprócz mechanizmów wytłaczania i mielenia, urządzenia do mieszania, porcjowania, pakowania, chłodzenia lub ogrzewania. Badanie pracy młyna do mięsa za pomocą technicznych narzędzi pomiarowych i rejestracyjnych pozwala na określenie optymalnych trybów i parametrów mechanizmów wykonawczych przy rozdrabnianiu różnych rodzajów surowców w różnych trybach technologicznych. Zastosowanie technologii komputerowej, cyfrowego zapisu jakości rozdrobnionego produktu otwiera przed badaczem ogromne możliwości.

W chwili obecnej istnieje jeszcze wiele nierozwiązanych problemów związanych z konstrukcją młynków do mielenia mięsa. Istniejące wielozmienne parametry pracy w konstrukcji szlifierek do mięsa o tym samym przeznaczeniu technologicznym, takie jak profil ślimaka, geometria narzędzi tnących, rozmieszczenie otworów w rurach szlifierskich, geometria rowków w korpusie ślimaka itp. mówią o konieczności ujednolicenia i optymalizacji tych parametrów. Rozwiązanie tych problemów zmniejszy koszty energii, poprawi jakość kruszonego produktu, zmniejszy pracochłonność produkcji i zwiększy stopień unifikacji.

Zadania związane z przeprowadzaniem eksperymentów mogą obejmować kontrolę adekwatności:

- teoretyczne wnioski dotyczące optymalizacji parametrów narzędzi skrawających (noże, kraty);

- teoretyczne wnioski dotyczące optymalizacji profilu śruby;

- teoretyczne wnioski na temat ulepszenia korpusu śruby;

- teoretyczne wnioski dotyczące optymalizacji prędkości obrotowej noży dla różnych surowców;

- teoretyczne wnioski przy projektowaniu nowych zespołów i części.

5.2. ZAKŁAD DOŚWIADCZALNY DO BADANIA PROCESU MIELENIA SUROWCÓW

Urządzenie pokazane na rysunku może być przeznaczone do eksperymentów. 5.1. Zakład (stanowisko) został zaprojektowany na bazie młyna mięsnego 8MM produkowanego przez JSC "Lenpoligrafmash". Młynek ten jest typowym przedstawicielem maszyn stosowanych w małych i średnich zakładach przetwórstwa mięsnego. Inne młynki do mielenia mięsa mogą być również wykorzystywane do projektowania stoisk.

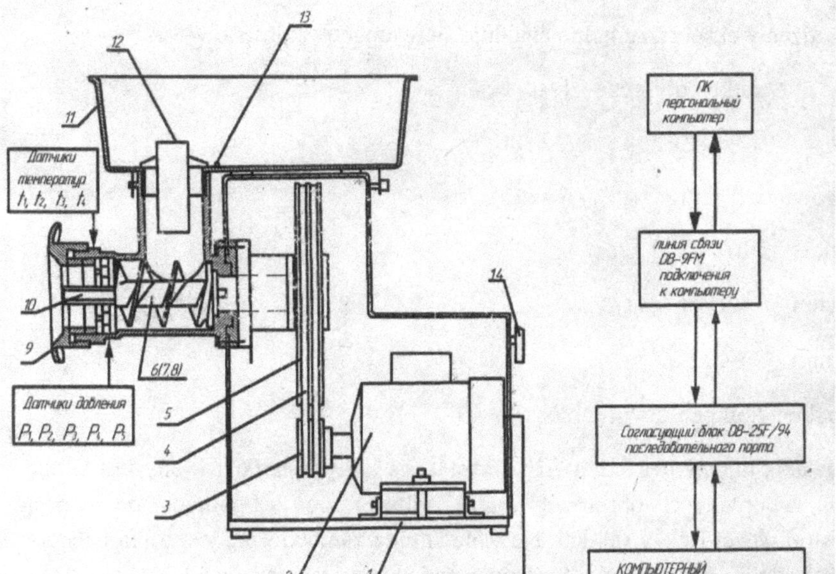

Рис. 5.1 Схема экспериментальной установки для исследования параметров волчка

Instalacja pilotażowa jest wyposażona w silnik elektryczny o mocy 1 kW oraz przetwornicę częstotliwości LGSY 004ic5. Wydajność seryjnej młynek do mięsa 8MM na mięso z użyciem kraty F82 mm i otworów F5 mm - 300 kg / h. Pojemność bunkra załadunkowego - 10 litrów, wymiary - 6550h300h 600 mm, waga - 70 kg.

Urządzenie wyposażone jest w komputer osobisty, na którym za pomocą komputerowego urządzenia pomiarowego można rejestrować wskaźniki ciśnienia, temperatury, wilgotności, dźwięku i prędkości obrotowej śruby i noży podczas procesu szlifowania.

Urządzenie eksperymentalne znajduje się w opakowaniu:

k ratka odbiorcza - 1szt.

nóż - 2 szt.

kratownica z f5mm - 1 szt.

siatka 8 mm - 1 szt.

16 mm -1 szt. kraty.

20 mm - 1 szt.

pierścień kompensacyjny - 2 szt.

Instalacja pilotażowa składa się z łoża 1, na którym zamontowany jest silnik 2. Zmiana prędkości obrotowej śruby odbywa się za pomocą przetwornicy częstotliwości LGSV 004ic5. Na wale silnika zamocowana jest rolka napędowa 3 o średnicy 96 mm. Koło pasowe napędowe jest napędzane dwoma pasami klinowymi o przekroju 4 typów A. Moc przekazywana przez jeden pas, N=0,5 kW, (kąt obwodu - 180°, cicha praca). Koło pasowe napędzane 5 o średnicy 270 mm jest przymocowane do wału napędowego ślimaka 6. Śruby 6,7,8 są wymienne, o różnych parametrach do badań porównawczych. Centralna nakrętka 9 zaciska nóż i blok kraty. Na palcu 10 ślimaków znajdują się noże i kraty. Surowiec z zasobnika 11 jest podawany przez popychacz 12 do korpusu ślimaka. Na bunkrze zamontowany jest czujnik temperatury 13. Napęd jest włączany i odwracany za pomocą przełącznika pakietowego 14. Czujniki ciśnienia, temperatury, dźwięku, wilgotności mogą być montowane na korpusie śruby zgodnie z ustawionym programem do badania parametrów procesu, parametrów optymalizacyjnych jednostek, części itp.

5.3. WYPOSAŻENIE ZAKŁADU PILOTAŻOWEGO

Zakład pilotażowy wyposażony jest w komputer osobisty, komputerową jednostkę pomiarową, czujniki ciśnienia, czujniki temperatury, czujnik prędkości śrub i noży, licznik energii elektrycznej.

Skomputeryzowana jednostka pomiarowa

Komputerowy zespół pomiarowy jest przeznaczony do przetwarzania sygnałów pochodzących z czujników na kod cyfrowy, który jest następnie przetwarzany w komputerze. Komputerowa jednostka pomiarowa współpracuje z komputerem. W tej instalacji stosowany jest komputerowy zespół pomiarowy BLM91. W praktyce istnieje wiele podobnych bloków, jeśli chodzi o ich parametry i przeznaczenie, są one podobne, ich wyboru można dokonać w wyszukiwarkach internetowych, ponieważ są one stale udoskonalane.

Liczba kanałów	rejestracji danych 4
Liczba kanałów sterowania dla urządzeń	zewnętrznych - 1
Maksymalna częstotliwość cyfryzacji sygnału, kHz	- 40
Oporność wejściowa, kohm	- 100
Wymiary całkowite, mm	145x138x43
Zakres temperatur	pracy od +10 do +35°C
Waga, kg	- 0,5

Komputerowa jednostka pomiarowa wykonana jest na bazie 12-bitowego 4-kanałowego ADC. Posiada schematy konwersji sygnałów wejściowych (dla każdego kanału), pamięć 4K i sterownik. Komputerowa jednostka pomiarowa pozwala na realizację 2 trybów transmisji danych do komputera: strumień (transmisja danych do komputera po każdym pojedynczym pomiarze) i pakiet (akumulacja danych w pamięci jednostki pomiarowej z późniejszą transmisją do komputera po cyklu pomiarowym). W pierwszym przypadku rozdzielczość czasowa układu pomiarowego jest ograniczona szybkością, z jaką informacje są przekazywane do komputera, ale czas trwania zapisu danych może być bardzo długi, ponieważ używana jest pamięć samego komputera. W drugim przypadku pojemność pamięci jest ograniczona, ale wprowadzono ograniczenie prędkości wyboru punktu dla ADC.

Komputerowy zespół pomiarowy posiada zintegrowany przełącznik elektroniczny sterowany przez komputer. Wyłącznik służy do włączania lub wyłączania zasilania z jednego z elementów instalacji pilotowej.

Złącza wejściowe jednostki pomiarowej komputera posiadają zaciski dla 2 kanałów ADC i dostarczają zasilanie elektryczne do czujników. Specjalne złącze posiada zaciski do podłączenia przełączanego urządzenia i jego zasilania, a także zaciski do doprowadzenia sygnałów do dwóch kanałów ADC. Transmisja danych z jednostki pomiarowej komputera do komputera odbywa się poprzez złącze portu szeregowego.

Czujniki ciśnienia.

Czujniki ciśnienia P401, które służą do pomiaru ciśnienia względnego w korpusie śruby, są stosowane w konfiguracji eksperymentalnej. Czujnik pracuje w komplecie z jednostką pomiarową i komputerem PC. Praca w temperaturze otoczenia od +10°C do +35°C.

Podany błąd podstawowy, nie więcej niż 2%.

Zakres temperatur badanych surowców, °C od +1 do +30

Czujnik mierzy różnicę między ciśnieniem w monitorowanej objętości a ciśnieniem atmosferycznym. Czujnik składa się z czułego elementu wykonanego w oparciu o piezorezystancyjny czujnik wagowy osadzony w chipie oraz dopasowany schemat umieszczony w jednej obudowie. Do podłączenia do obudowy śrubowej, czujniki posiadają gniazdo gwintowane. Układ dopasowujący zapewnia wymagany poziom sygnału wyjściowego. Czujniki ciśnienia są podłączone do komputerowej jednostki pomiarowej. Odbieranie danych i wyświetlanie ich na ekranie komputera jest wykonywane przez program komputerowy

Czujniki temperatury.

Do pomiaru temperatury surowców na wejściu, w obudowie śruby i na wyjściu stosowany jest czujnik temperatury T101. Czujnik pracuje w komplecie z jednostką pomiarową i komputerem PC. Czujnik przeznaczony jest do pracy w temperaturze otoczenia od + 10 do + 35 °C.

Zakres pomiaru temperatury, °C od -20 do +100

Rozdzielczość, °C 0,1

Błąd pomiaru temperatury, °C, nie więcej niż 0,2

Czas na ustalenie odczytu, p. nie więcej niż 0,5.

Czujnik temperatury T101 składa się z trzpienia pomiarowego, który jest połączony kablem ze schematem dopasowania zamontowanym w złączu czujnika. Czujnik wykonany jest w oparciu o półprzewodnikowy element wrażliwy (termistor). Element pomiarowy jest montowany na końcu trzpienia pomiarowego - rurkach ze stali nierdzewnej X18H10T, które służą do mocowania czujnika. Obwód dopasowujący zainstalowany w złączu czujnika zapewnia wymagany poziom wyjściowy.

Skomputeryzowana jednostka pomiarowa

Czujniki są podłączone do komputerowej jednostki pomiarowej. Program komputerowy odbiera dane i wyświetla je na ekranie.

Przed rozpoczęciem eksperymentu jednostka pomiarowa jest podłączona do komputera PC. W tym celu stosuje się kabel, który łączy się ze złączem umieszczonym na ścianie urządzenia i jednym z portów COM komputera. Przy podłączaniu kabla do komputera stosuje się adapter od 9 do 25-pinowego złącza. Następnie komputerowy zespół pomiarowy podłącza się do sieci 220V, a czujniki ciśnienia i temperatury podłącza się do złączy wejściowych komputerowego zespołu pomiarowego.

Podczas przeprowadzania eksperymentów wykorzystywane są badane surowce. Może to być mięso różnych odmian i różnych rodzajów, warzywa, produkty uboczne itp. Substytuty mogą być stosowane w doświadczeniach, które wymagają znacznej ilości surowców w celu obniżenia kosztów, ale ponieważ właściwości reologiczne substytutu nie mogą w pełni odpowiadać rzeczywistym surowcom, w celu uzyskania wiarygodnych informacji jest ostatecznie konieczne, aby sprawdzić produkt naturalny.

Kryteria oceny podjętych decyzji są następujące:

- zmiana temperatury podczas transportu, prasowanie (ściskanie) śrubą, podczas przechodzenia przez kraty i noże,
- nacisk na surowe mięso w korpusie śruby,
- Wydajność,
- specyficzne koszty energii,
- jakość rozdrobnionego produktu.

Czas trwania testu jest ustalany dla każdego eksperymentu.

Porównawcze oceny wyników są przeprowadzane w celu wyciągnięcia wniosków z wyników badań.

LITERATURA

Akimov M.M. Stanowisko do określania parametrów technologicznych kruszonych surowców. /M.M. Akimov, S.N. Tumenov, M.B. Smirnov. - Kolekcja prac naukowych. Semipalatinsk State University 2002. - – C. 50–53

2) Andrianov A.S. Zwiększenie niezawodności młynków do mielenia mięsa (wilków) na podstawie analizy wpływów technologicznych i operacyjnych. /A.S. Andrianov. Praca magisterska na stopień soczysty Kandydat nauk technicznych. - Moskwa: Moskiewski Instytut Technologiczny Przemysłu Mięsnego i Mleczarskiego, 1982. - – 18 c.

3. Andrianov A.S. Określenie dynamicznego obciążenia wilka. /

A.S. Andrianov, G.A. Martynov, S.G. Yurkov, G.N. Kryuchkov.

- Przemysł mięsny ZSRR, 1981, nr 5. - – C. 41–42.

4. Andrianov A.S. Wiarygodne oszacowanie wilków. /A.S. Andrianov. - CNIITEImyasomiasolprom, "Przemysł mięsny" (Express-Information) № 7, -M. 1981. - – C. 46–47.

5. Andrianov A.S. odlewał na wrzeciona kraty z małymi otworami. /A.S.Andrianov, G.A.Martynov. - TsNIITEImyasomialprom, Seria "Przemysł mięsny" (Informacje ekspresowe), tom. 4, 1980. - – C. 19–22.

6.Antipov S.T. Maszyny i urządzenia do produkcji żywności. W 2 pr.: Szkolenie. dla szkół wyższych. /Antipov, S.T.; Kretov, I.T.; Ostrikov, A.N.; Panfilov, W.A.; Urakov, O.A. /Pod redakcją naukowca Rosyjskiej Akademii Nauk Panfilova, W.A. / - Moskwa: Wyshch. shk. 2009. - – 1383 c.

7. Antipov, S.T. Grate to the device for the meat and bone raw material grinding (in Russian) / S.T. Antipov, S.V. Shakhov, S.S. Komissarov. Przemysł spożywczy. 2002. –№1. - – C.– 49.

8. Antipov S.T. Wprowadzenie do specjalności. / S.T. Antipov [et al.] - Moskwa: Kolos 2007. - – 291 c.

9. Bredikhin, S.A. Urządzenia technologiczne dla zakładów pakujących mięso (w języku rosyjskim) / S.A. Bredikhin. - Moskwa: Kolos, 1994. - – 324 c.

10. Belokhvostov, G.I. Improvement of the design of the cutting mechanism of the meat grinding machines / G.I. Belokhvostov-Autoref. Cand. diss. Mogilev, 1996. - – 17 c.

11. księgowa V.I. Extrusion / V.I. Accountant, S.I. Getzas, V.L. Didenko, M.S. Kurzhenkova. - L.: Chemia 1980. –112c.

12. Vinogradov, Yu.N.; Design of the meat and milk industry and fish-processing industries (in Russian) / Yu.N. Vinogradov, V.D. Kosoy, O.Yu. - SPb,: GIORD, 2005. - – 330 c.

13. Gorbatov A.V., Dochodzenie w sprawie stanu stresu obustronnego piasty noża wilka. "Przemysł mięsny ZSRR", / Gorbatov A.V., Shkvirsky N.A., Andriushchenko A.G. 1981, ¹ 1. - – C. 38-40.

14. Gorlach R.V. Optymalizacja składu i technologii produkcji stali kompleksów do mielenia mięsa / Praca autorska do badań prawnych Cand. - Petersburg: St. Petersburg State University of Low Temperature and Food Technologies, 2003. s. 26.

15. Goryayev V.V. Ulepszenie metod projektowania i obliczeń mechanizmu tnącego wilków / Praca magisterska do stopnia prawnego Cand. of Technical Sciences. - Moskiewski Instytut Technologiczny Przemysłu Mięsnego i Mleczarskiego, 1989. 25 c.

16. GOST 28532 - 90 wilków. Ogólne wymagania techniczne. M. ZSRR Państwowy Komitet ds. Zarządzania Jakością Produktów i Normalizacji. 1990. - – C. 5.

17. GOST 28533 - 90 Narzędzie tnące wilk. Rodzaje, podstawowe wymiary i wymagania techniczne. M. Ezd w normie. 1990. –5 c.

18. GOST 20469 - 95 Miniarki elektryczne gospodarstwa domowego. Specyfikacje. Międzypaństwowa Rada Normalizacji, Metrologii i Certyfikacji. Mińsk. To standardowa praktyka. 1998. - – 17 c.

19. GOST 12.2 135 - 95 Urządzenia do przetwarzania produktów w przemyśle mięsnym i drobiarskim. Ogólne wymagania dotyczące bezpieczeństwa, warunków sanitarnych i ochrony środowiska. Międzypaństwowa Rada Normalizacji, Metrologii i Certyfikacji. Mińsk. To standardowa praktyka. 1995. - – 51 c.

20. GOST 30146 - 95 Maszyny i urządzenia do produkcji wyrobów wędliniarskich i półproduktów mięsnych. Ogólne specyfikacje techniczne. Międzypaństwowa

Rada Normalizacji, Metrologii i Certyfikacji. Mińsk. To standardowa praktyka. 1995. - – 9 c.

21. Daursky A.N. Cięcie materiałów spożywczych. /Daurskiy, A.N.; Machikhin, Yu.A. - M. Food industry. 1980. - – 240 c.

22. Zuev N.A. Zależność jakości zgniatania produktu od obszarów strefowych o użytecznych przekrojach mechanizmu wytłaczania i cięcia wiązadła. Zuev N.A., Savelyeva O.V., Palchikov A.N. Androszczuk V.O., Olshevskiy R.G. Z ENJ "Procesy i urządzenia do produkcji żywności". St. Petersburg: NIU ITMO. 2014, wydanie 1. 6 c.

23) Iwaszow, W.I. Sprzęt do przetwórstwa mięsa (w języku rosyjskim) / W.I. Iwaszow, - Sankt Petersburg: GIORD, 2007 T.1 i 2 760 p.

24. Kovalevsky V.I. Projektowanie urządzeń technologicznych dla linii przemysłu mięsnego. - St. Petersburg: GIORD, 2007 - 316 s

25. Komisarze S.S. Perfekcja jednostki tnącej wilka. Voronezh State Technological Academy. // Modernizacja istniejących i rozwój nowych typów urządzeń dla przemysłu spożywczego: Kolekcja prac naukowych. - Woroneż, 2001, t. 11. - P. 21.

26. Commissars S.S. Urządzenie do mielenia mięsa. Voronezh State Technological Academy. // Modernizacja istniejących i rozwój nowych typów urządzeń dla przemysłu spożywczego: Kolekcja prac naukowych. - Woroneż, 2001, t. 11. - P. 81-83.

27. Komissarov S.S. Badanie procesu mielenia surowca mięsnego u wilków i rozwoju głowic nożowych. Cand. diss. - Woroneż, 2003. - – 18 c.

28. Kosoy V.D. Definicja racjonalnych trybów pracy niezawodności parametrycznej wrzecion. Przemysł mięsny ZSRR, / Kosoy V.D., Krementulo V.V., Andrianov A.S., Katyukhin V.S. 1982, [1]3. - – C. 14-19.

29. Korniushko L.M. Sprzęt do produkcji wyrobów wędliniarskich. -M: Kolos, 1993. - 299 stron.

30. Kosheva E.P. Warsztat na temat obliczania sprzętu do produkcji żywności. SPb.: GIORD, 2005 . - 2276 str.

31. Lonzin M. Główne procesy produkcji żywności. Tłumaczenie z angielskiego. M.: Easy and Food Pr- 1983/ - 377 p.

32. Machikhin Yu.A. Reologia inżynierska materiałów spożywczych. / Machikhin Yu.A., Machikhin S.A. - M.: Noga. I jedzenie, 1981. - – 216 c.

33. Inżynieria: Encyklopedia / Redakcja: K.V. Frolov (pre.) i inni. T.1U-17. Maszyny i urządzenia przemysłu spożywczego i przetwórczego. / S.A. Machikhin, V.B. Hakobyan, S.T. Antipov etc.; Pod wydaniem S.A. Machikhin. - Moskwa: Mashinostroenie, 2003. - – 736 c.

34. Nowy biznes mięsny. Specjalistyczna publikacja na temat produkcji, technologii i zarządzania w przemyśle mięsnym. Hans Holzmann. Niemcy. 2006. № 1- 6.

35. Ostrikov A.N., Wytłaczanie w przemyśle spożywczym. /Ostrikov A.N., Abramov O.V., Rudometkin A.S. - SPb: GIORD, 2004, - 288 p.

36. Ostrovsky E.V. Krótka referencja książkowa projektant maszyn do żywności. - Moskwa: Agroproizdat, 1986. - – 616 c.

37. Pat. 2380686. RF, MPK G01N 19/02, 20010. Metoda oznaczania współczynnika tarcia surowego mięsa. Pelenko V.V., Zuev N.A., Aret V.A., Azaev R.A.

38. Pat. 88 991, RF, MPK BO2C 18/30, 2009 r. Piłowanie mięsa przy pomocy śruby dwuprofilowej. Pelenko V.V., Zuev N.A., Aret V.A., Azaev R.A.

39. Pat. 85 580, RF, MPK BO2C 18/30, 2009. Młynek do mięsa z odwrotnym ślimakiem. V.V. Pelenko, N.A. Zuev, V.A. Areth.

40. Pat. 2. 368 423, RF, IGC BO2C 18/30, 2009. Tarka do młyna do mięsa. V.V. Pelenko, N.A. Zuev, V.A. Areth.

41. Pat.2 440 191, RF, IPC BO2C 18/30, 2009. Ruszt rozdrabniający do młynka do mięsa. V.V. Pelenko, N.A. Zuev, V.A. Areth.

42. Pat. 141 822, RF, MPK A22C 17/00, 2013. Wilk z prostokątnym gwintem śrubowym. V.V. Pelenko, N.A. Zuev, V.A. Areth.

43. Pat. 2118258. RF. ICI 6. AT 29 C 47/64. Wytłaczarka. Ostrikov A.N., Danchenko A.A., Abramov O.V.

44. Pat. 2136371. RF. MPC 6 W 02 Z 18/36. Tarka do młyna do mięsa. Rudik F.Ya., Bogatyrev S.A., Gutuev M.Sh.

45. Pat. 2148435. RF. MPC 7 W 02 Z 18/36. Kratka zespołu tnącego urządzenia do szlifowania materiałów. Kuliczkow Y.V.

46. Pat. 2172246. RF. MPC 7 W 29 Z 47/40. Wytłaczarka dwuślimakowa. Ostrikov A.N., Shevtsov A.A., Abramov O.V.

47. Pat. 2203139.RF. MPC 7 W 02 Z 18/36. Kratka do urządzenia do mielenia surowego mięsa. Antipov S.T., Shakhov S.V., Commissars S.S.

48. Pakhorukov A.A. Ulepszenie konstrukcyjne korpusów roboczych maszyn do mielenia mrożonych bloków mięsnych z uwzględnieniem wytrzymałości zmęczeniowej. Cand. diss. - L. 1990. - – 18 c.

49. Peleev, A.I. Wyposażenie technologiczne przedsiębiorstw przemysłu mięsnego. - M: Pischeproizdat. 1971. - – 518 c.

50. Poleschuk O.B. Optymalizacja pracy maszyn ślimakowych do mielenia mięsa w oparciu o badania schematów przenoszenia wilgoci w mięsie mielonym. Cand. diss. L.1988. - – 16 c.

51. Poleschuk O.B. Dobór równań opisujących przenoszenie masy, gdy mięso mielone przepływa przez otwory rusztu. Problemy związane z usprawnieniem handlu i wyposażenia ekonomicznego. Scientific tr. LIST 1982. - – C. 31-38.

52.Pelenko V.V. Stan i główne kierunki rozwoju przemysłu przetwórstwa mięsnego. - W międzyuczelnianym zbiorze prac naukowych Część 1. "Rozwój teorii i praktyki tworzenia urządzeń do przetwarzania żywności". S.-Pb.: SPbSUNiPT, 2004. /V.V. Pelenko, N.A. Zuev, E.I. Verboloz, N.G. Kovalev, - str. 4-7.

53. Pelenko V.V. Optymalizacja kształtu elementów tnących w urządzeniu rozdrabniającym. W międzyuczelnianym zbiorze prac naukowych Część 1. "Rozwój teorii i praktyki tworzenia urządzeń do przetwarzania żywności", S.-Pb.: Państwowy Uniwersytet Nafty i Gazu w Petersburgu, 2004, N.A. Zuev, R.G. Olshevsky, R.A. Azaev, A.V. Kondratov, V.V. Kuzmin, E.P. Khatchenko.

54. PelenkoV.V. Sprzęt przetwórstwa mięsnego produkcji krajowej dla średnich i małych przedsiębiorstw [Tekst] / Azaev, R.A.; Zuev, N.A.; Olshevskiy, R.G. et al. / Rozwój teorii i praktyki tworzenia sprzętu do przetwarzania żywności / Międzyuczelniany zbiór artykułów naukowych, część 2. - SPb: SPbGUNiPT, 2005. C. 3 – 10.

55.Pelenko V.V. Urządzenia do przetwórstwa mięsa produkcji krajowej dla średnich i małych przedsiębiorstw. (w języku rosyjskim) / W.W. Pelenko, N.A. Zuev, R.G. Olshevskiy, V.M. Savateev, I.B. Gorodova, A.V. Kondratov - W międzyuczelnianym zbiorze prac naukowych Część P. "Rozwój teorii i praktyki tworzenia urządzeń do przetwarzania produktów spożywczych". S.-Pb.: SPbSUNiPT, 2005. - – c. 3-9.

56. V.V.Pelenko. Technologie i urządzenia do oszczędzania zasobów dla przemysłu spożywczego: V.V.Pelenko, N.A.Zuev, R.A.Azaev i inne. Zbiór artykułów naukowych, - SPb.: SPbGUNiPT, 2006. - – C.48-54.

57. PelenkoV.V. O konieczności rozwoju krajowego przemysłu maszynowego dla przetwórstwa mięsnego. Pelenko, W.W.; Zuev, N.A.; Azaev, R.A.; Yantsevich, A.A.; Olshevskiy, R.G.; Kuzmin, W.V. (po rosyjsku) / [Zasób elektroniczny]: elektroniczne czasopismo naukowe "Procesy i aparatura do produkcji żywności". - elektroniczny magazyn. - Petersburg: SPbGUNiPT, 2008. - №1. - Marzec 2008.

58. Pelenko V.V. Przegląd zagranicznych wilków i mikserów do produktów mięsnych Pelenko, W.W.; Zuev, N.A.; Olshevskiy, R.G.; Azaev, R.A.; Shibanov, A.I.; Kuzmin, W.W. (po rosyjsku) / [Zasób elektroniczny]: elektroniczne czasopismo naukowe "Procesy i urządzenia do produkcji żywności". - elektroniczny magazyn. –

59. Pelenko V.V., SPbGUNiPT, 2008. - №1. - Marzec 2008.Podstawowe cechy procesu cięcia produktów spożywczych za pomocą narzędzia tnącego Zuev N.A., Olshevskiy R.G., Azaev R.A., Kuzmin V.V. Saint-Petersburg: [Zasoby elektroniczne]: elektroniczne czasopismo naukowe "Procesy i urządzenia do produkcji żywności". - elektroniczny magazyn. - Saint-Petersburg: SPbGUNiPT, - [1]1. - Marzec 2008.

60. Pelenko V.V. Optymalizacja parametrów urządzeń do przetwórstwa mięsnego //. Pelenko V.V., Kuzmin V.V., Morozov E.A., Azaev R.A., Olshevskiy R.G. Scientific Journal of NIU ITMO, 2013. - №2. [źródło elektroniczne]: http://www.processes.ihbt.ifmo.ru // - s.12-14.

61. Pelenko V. V. Opracowanie modelu matematycznego procesu mielenia surowców mięsnych we wrzecionach (w języku rosyjskim) / Pelenko V. V., Areth VA, Kaika AH, Tarabanovsky FB, Olshevsky RG, Bobrov S. V., Zuev N.A. // Scientific Journal of NIU ITMO, 2013. - №2. [źródło elektroniczne]: http://www.processes.ihbt.ifmo.ru // - s.12-14.

62. Rogov I.A. Technologia i urządzenia do produkcji konserw mięsnych. - M: Kolos. 1994. - – 270 c.

63. Rogov I.A. Technologia i urządzenia do produkcji konserw mięsnych. - M: Kolos. 1994. - – 270 c.

64.RTM 27-72-15-82 Maszyny i urządzenia spożywcze. Kolejność stosowania metali, tworzyw sztucznych i innych Izvestii uczelni wyższych. Technologia żywności. №5-6, 2008. - s. 84-86.materiały mające kontakt z żywnością i mediami. M. Ministerstwo Mechaniczne ds. Produktów Lekkich i Spożywczych oraz Urządzeń Gospodarstwa Domowego. 1983. - – 100 c.

65. Sokolov, V.I. Podstawy obliczeń i projektowania maszyn i urządzeń do produkcji żywności. -M.: Kolos, 1992. -399c.

66. Sfera. Mięso. Przetwórstwo mięsne. №3(29) 2006. Dziennik informacyjny i analityczny. 2006. 73 c.

67. Sidoryak A.N., Główne założenia wykorzystane do opracowania modelu matematycznego nowej metody mielenia surowców mięsnych Sidoryak A.N., Shevlyakov R.I., Yakushev O.I. /Zbiór artykułów naukowych MSU Biotechnologii Stosowanej. 2002. - – C. 57-59.

68. Sidoryak A.N. Poprawa właściwości strukturalnych i mechanicznych mięsa w wyniku nowego mielenia spopoba. (w języku rosyjskim) / Sidoryak, A.N.; Shevlyakov, R.I.; Jakushev, O.I. SB Scientist. Prace Moskiewskiego Państwowego Uniwersytetu Biotechnologii Stosowanej. 2002. - – C. 50-62.

69. Skulskiy O.I. Opracowanie metod obliczeniowych dla jedno- i dwuślimakowych maszyn do polimerów i układów dyspersyjnych z uwzględnieniem zjawisk hydrodynamicznych, termicznych i orientacyjnych. Dysertacja D.T.S.. Perm, państwowa technologia.

Uh-oh. - Perm: 1992. - – 322 c.

70. Tumenov S.N. Analiza strukturalna młynka do mięsa. Komuś naukowemu. Postępowanie. /Tumenov S.N., Akimov M.M. Semipalatinsk State University 2002. - – C. 98-101.

71. Fatykhov Yu. Technologie wytłaczania produkcji żywności. / Fatykhov J., Kanopka L. Łotwa. Vilnius. Politechnika Wileńska. 2007. - 88 c.

72. Khromeenkov V.M. Naukowe podstawy doskonalenia ślizgowego cięcia materiałów spożywczych oraz rozwój wysoko wydajnych maszyn tnących i rozdrabniaczy noży. Autoref. Doc. diss. - M: 1993. - – 48 c.

73. Chromeenkov V.M. Stochastic model ostrza noża. Intensyfikacja procesów produkcji żywności, urządzeń i ich doskonalenie. Międzyuczelniany zbiór prac naukowych. Instytut Technologiczny Przemysłu Chłodniarskiego. - S.-Pb.: 1992 r. - – C. 73-78.

74. Chromeenkov V.M. Wskaźniki ostrzenia noży do cięcia przesuwnego. /Khromeenkov, V.M.; Renziaev, O.P.; Klimov, Yu.A. Przemysł piekarski i cukierniczy. 1985, № 12. - – C. 26-27.

75. Chizhikova, T.V. Maszyny do mielenia mięsa i produktów mięsnych. - Moskwa: Przemysł lekki i spożywczy, 1982,- 302 s.

Kolibri 360 GmbH
Ferdinand-Jühlke-Straße 7
99095 Erfurt, Deutschland
produktsicherheit@kolibri360.de

Druck:
CPI Druckdienstleistungen GmbH
im Auftrag der
Kolibri 360 GmbH
Ferdinand-Jühlke-Str. 7
99095 Erfurt